彩图 2-2　台农芒果花蕾期

彩图 2-4　台农芒果催熟后果色

彩图 2-6　金煌芒果花蕾期

彩图 2-7　金煌小果套袋前

彩图 2-8　500g 左右的金煌商品果

彩图 2-9　贵妃芒果二蓬梢转绿老熟期

彩图 2-13　贵妃芒果中果期

彩图 2-14　贵妃芒果果实发育后期

彩图 2-15　白象牙芒果二蓬梢转绿老熟期

彩图 2-16　白象牙果实膨大后期

彩图 2-19　台芽芒果采收前

彩图 2-20　红玉芒果嫩梢

彩图 2-23　红玉芒果花序

彩图 2-24　红玉芒果商品果

彩图 2-25　桂七芒

彩图 4-3　金煌芒果硝酸钾烧叶

彩图 4-4　台农芒果硝酸钾烧叶

彩图 5-1　芒果畸形病

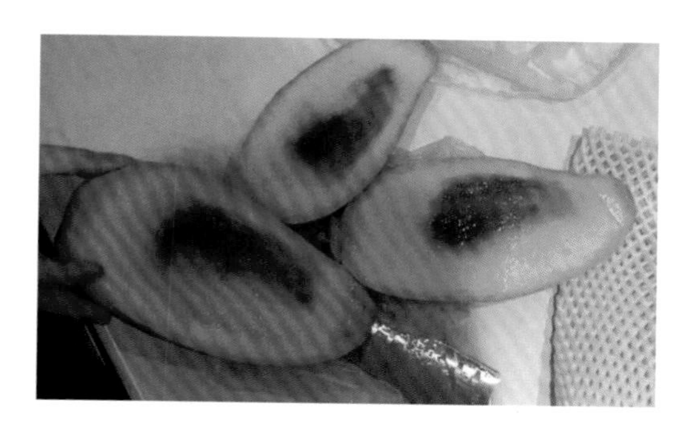

彩图 5-2　调节剂使用过量导致金煌芒果果皮内侧和种胚区腐烂

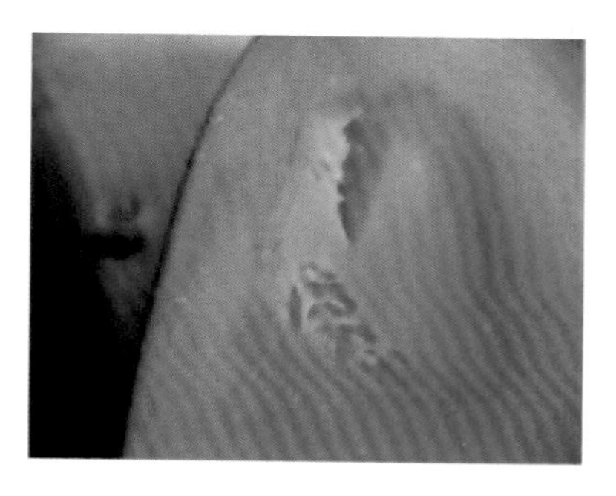

彩图 5-3　芒果海绵组织病

彩图 5-4　低温直接伤害——果面起红斑

彩图 5-5　低温期使用植物生长调节剂——果面被灼伤起红色斑点

彩图 5-6　芒果叶片冻害

彩图 5-7　草甘膦药害初期症状

彩图 5-8　代森锰锌药剂在强光或低温复配赤霉酸情况下沉积在果面造成烧果

彩图 5-9　芒果缺氮症

彩图 5-10　芒果缺磷症

彩图 5-11　芒果缺钾症

彩图 5-12　芒果树缺钙叶片畸形

彩图 5-13　缺钙导致红象牙品种裂果

彩图 5-14　缺钙引起的果实向阳面日灼

彩图 5-15　缺镁导致叶肉失绿

彩图 5-16　芒果缺硫症

彩图 5-17　芒果缺铁症

彩图 5-18　芒果缺锰症

彩图 5-23　芒果叶柄缺硼木栓化、开裂

彩图 5-24　芒果叶片缺铜失绿

彩图 5-25　芒果缺钼症

彩图 5-26　金煌芒果水泡病

彩图 5-27　芒果露水斑病

彩图 5-28　有翅蚜虫

彩图 5-29　蓟马若虫

彩图 5-30　蓟马危害芒果幼果

彩图 5-31　介壳虫危害

彩图 6-1　催花冲梢

彩图 6-2　出花不整齐

彩图 6-3　芒果团花

彩图 6-4　噻苯隆过量使用导致节间爆芽、爆花

彩图 6-5　养分不足导致花枝褪白

彩图 6-6　扬花期吹干风导致空枝

彩图 6-8　中果期生理落果

彩图 6-9　成花态芒果叶片向后生长

彩图 6-10　台农芒果出早花前芽点饱满、流胶

彩图 6-12　台农幼果细菌性角斑病

彩图 6-13　金煌芒果低温期使用 920 导致果皮被灼伤，起红斑

彩图 6-18　团花（左）和沤花（右）

彩图6-19　台农芒果树枝梢叶片正常，但花序团在一起

彩图 6-21　芒果蜡粉越厚，露水斑越少

反季节芒果

生产技术

甄鹏　赵晓美・主编

化学工业出版社

・北京・

内 容 简 介

本书以芒果反季节生产管理技术为核心，介绍了芒果产业发展现状、主栽品种、反季节芒果种植管理、主要病虫害及综合防治技术、反季节芒果生产中主要问题及解决方案、采后处理和销售模式。书中总结了作者近十几年的生产实践经验，科学地梳理技术信息，以期为生产一线的果农朋友提供技术资讯，减少管理上的失误，提升芒果的产量和品质。本书适合芒果果农，芒果种植专业合作社和企业管理、技术人员，农业科研和农技推广人员，农产品及生产资料经销人员参考阅读。

图书在版编目(CIP)数据

反季节芒果生产技术/甄鹏，赵晓美主编. —北京：化学工业出版社，2021.9

ISBN 978-7-122-39314-2

Ⅰ.①反… Ⅱ.①甄… ②赵… Ⅲ.①芒果-果树园艺 Ⅳ.①S667.7

中国版本图书馆 CIP 数据核字（2021）第 112651 号

责任编辑：张林爽　　文字编辑：焦欣渝
责任校对：王素芹　　装帧设计：韩　飞

出版发行：化学工业出版社（北京市东城区青年湖南街 13 号　邮政编码 100011）
印　　装：三河市延风印装有限公司
710mm×1000mm　1/16　印张 13　彩插 4　字数 198 千字
2021 年 9 月北京第 1 版第 1 次印刷

购书咨询：010-64518888　　售后服务：010-64518899
网　　址：http://www.cip.com.cn
凡购买本书，如有缺损质量问题，本社销售中心负责调换。

定　　价：58.00 元

《反季节芒果生产技术》
编写人员

主　编：甄　鹏　赵晓美

副主编：琚茜茜　崔　明

参　编：（按姓名汉语拼音顺序排列）

李勇强　李正为

叶木强　于北平

郑潮明　周丕东

前 言

海南是中国反季节芒果生产的主产区，反季节芒果的生产和上市，不仅丰富了中国人冬春季节的水果消费品类，还带动了相关产业发展和农户增收致富。反季节芒果的生产拓展了海南乃至中国的水果生产模式，让种植户、流通商、消费者和科研院所都因此受益：种植户因种植反季节芒果，获得高额的回报，生活水平有所提高；流通商如农资厂家抓住产品冬季销售新机遇，果商在冬春水果销售旺季、生产淡季获得多元的新鲜水果供应；消费者有机会在冬春季节以更实惠的价格吃到新鲜的芒果；科研院所根据广大果农的诉求针对反季节芒果生产遇到的实际问题开展研究，帮助解决生产难题，同时推动了产学研各环节的结合。

海南芒果商品化生产以来，从原来的以土芒、青芒、紫花芒、白象牙芒为主的品种结构，发展到以台农、金煌、红玉、红金龙、白象牙等品种为主的品种结构，市场优胜劣汰机制在海南芒果品种结构变迁的发展过程中起到了决定性的作用。

反季节芒果生产在中国乃至全世界都是一种创新的生产模式，指的是通过人工管理和药肥化控技术使芒果按人们的生产目标和规划，提早或延迟上市，以获得最佳的经济效益。

研究和整理反季节芒果发展过程对于生产实践、学术研究、水果销售有一定的借鉴意义。从生产实践方面来说，反季节芒果涉及控梢、催花、保果、美果，这与正造生产是完全不同层面的管理技术，只有有机、完整地将各环节完美结合才有机会生产出高品质、高产量的芒果。从学术研究层面分析，反季节芒果生产涉及的控梢、催花、保果、品种退化机理尚缺乏科学的理论支撑，不同品种芒果树对控梢药的敏感度不同，同一品种不同树势、不同土质对控梢药的敏感度不同；反季节芒果催花与经典成花理论的相互论证，对科研理论的创新具有积极的意义，光照时间、水分、温度、药物与芒果成花的关系还未得到科学的论证，一旦将这些机理阐明，会对成花理论的更新发展非常重要；反季节芒果挂果树以败育果为主，即果农口中所说的“公果”，败育果的保果难度更大，需要结合大量的外源激素植物生长调节剂的使用，如何安全地使用生长调节剂也是亟待解决的课题；反季节芒果生产涉及的化控技术使得海南诸多主栽芒果品种发生退化，这种问题不是个例，而是在整个芒果区普遍出现的状况，所以提出科学的解决方案非常重要，它关系到反季节芒果产业的未来。芒果销售是反季节芒果生产的最终环节，也是最重要的环节，它是芒果商品化生产价值的体现。芒果的流通有传统的上门收购、果农自发到市场销售和电商销售等多种形式，每种形式都有其独特的价值，并为不同的经济群体创造价值，水果商品流通形式的变迁和未来发展变化也是我们关注的重点。芒果流通涉及到贮藏保鲜和催熟等技术问题，合理地把控才能以最经济的形式将流通损失降到最低。农业生产资料是现代芒果生产的必需品，科学的用药用肥技术才能确保生产出安全、美味的优质芒果，我们希望通过对反季节芒果生产过程中肥料、农药、调节剂几种类型产品的阐述帮助果农朋友理清思路。同时，就芒果保花保果环节中遇到的实际难题，以案例的形式分析，为果农提供有效的参考，帮助他们更精准地用药，从而降低农业投资成本，提高产品产量。

研究反季节芒果产业链条，让我们以一种更清晰的视野看到中国农业产业的发展现状：农业生产技术的日新月异、不断进步，采后处理水平的落后和芒果流通形式的多样化发展。让我们感受到我国芒果产业虽然充满生机，但与世界先进水平存在着差距，所以必须要正视现实、加强优势、克服短板，才能让中国的农业产业再上一个台阶。

甄鹏

目 录

第一章 概述

第二章　芒果的生物学特性与主栽品种

第三章　反季节芒果生产基本信息

第四章　反季节芒果种植管理技术

第六章 反季节芒果生产中主要问题及解决方案

第七章　芒果采后处理

第八章　反季节芒果的销售

附录

参考文献

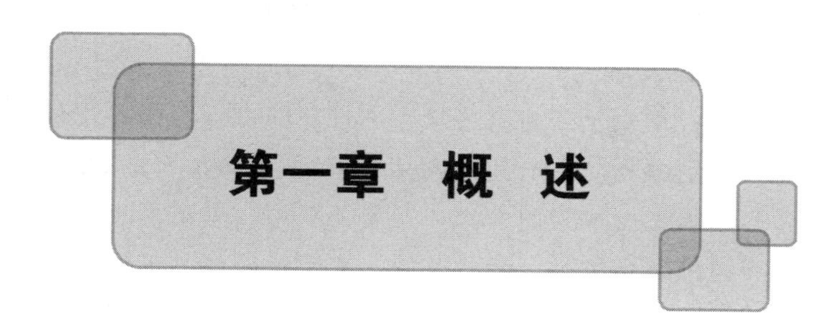

第一章 概 述

第一节 芒果产业发展现状

一、世界芒果产业发展现状

1. 世界芒果主产区分布

目前，全世界约有 90 个国家种植芒果。从地理位置来看，芒果种植北起我国四川南部，南至美洲南部，横跨南北纬 30°之间的地区。其中，亚洲是芒果种植面积最大的地区，其次是美洲。

印度是芒果收获面积最大的国家，达 100 多万公顷，占世界总产量的 40％；居第二位的国家是中国，占 17％；泰国芒果收获面积居世界第三，印度尼西亚和菲律宾分别居于第四、第五位；其他生产国有墨西哥、埃及、尼日利亚和孟加拉国。

2. 世界芒果产业市场格局

印度是芒果出口大国，国际市场占有率 21.2％。菲律宾和泰国出口市场占有率 2006 年之后一直处于增长状态，很大一部分都是向中国市场出口。

二、我国芒果产业发展现状

1. 我国芒果产业发展历程

我国大规模规范化种植芒果始于 20 世纪 60 年代，先后在海南、广东、广西、福建、云南、四川等省份建立规模化种植的芒果园。之后，芒果生产总体保持增长趋势，其中，海南增长最快，发展优势明显，成为最大的芒果产地；广东、广西地位逐渐下降，云南发展相对平稳，四川作为后起之秀，发展潜力较大。

2. 芒果产业链发展

芒果产业链是指立足于我国芒果生产优势，依托国内外市场对芒果系列品种的需求，集中资金、土地、人才、劳动力等生产要素的主要力量，以攻克芒果产品加工技术为动力源，发展芒果主、副产品加工业，带动芒果种植业发展，推动相关第三产业发展，围绕芒果产品的链状生产，使相应的第一、二、三产业互为条件与动力，协调发展，以获取芒果生产的最大整链系统效益（表 1-1）。

表 1-1　中国芒果产业链构成

产前	产中	产后	流通	消费
引种育种 种苗 信息指导 品种规划 土地流转 基地规划	农用物资 农用机具 田间管理 技术指导	采收包装 流通加工 评级分类 保鲜处理 贮藏加工 食品加工	渠道规划 网点布局 冷链流通 产销地市场建设	品种和品质提供 消费引导

3. 芒果主产区分布

芒果为热带水果，热量条件为芒果栽培的重要指标，其栽培最适气温为 25～30℃，花期授粉温度要求在 20℃左右，无低温和阴雨天气，生育期全年基本无霜，日照充足，全年日照时数为 2700h。根据气象条件与物候特征，我国芒果产业可划分为五大优势产业带：海南早熟芒果优势产业带；广东雷州半岛早、中熟芒果优势产业带；广西右江河谷中熟芒果优势产业带；云南西南—云南南—云南中元江流域芒果优势产业带和金沙江干热河谷流域晚熟芒果优势产业带。

据相关资料统计，2004 年我国芒果栽培面积 13.38 万公顷，总产量 73.03 万吨；2008 年我国芒果栽培面积 11.97 万公顷，总产量 80.92 万吨；2014 年，我国芒果栽培面积达 17.19 万公顷，总产量 142.59 万吨；2017 年我国芒果栽培面积达 20.77 万公顷，总产量 198.22 万吨；2018 年我国芒果栽培面积达 27.28 万公顷，总产量 237.02 万吨（表 1-2）。

4. 主产区芒果成熟期与种质资源

我国各芒果产区均有主栽品种，各地在保留部分原有主栽品种外，通过多年引、育种试验，筛选出了适宜各主产区的芒果商业栽培新品种，使芒果优良品种比例大幅度提高。贵妃、金煌、台农一号、凯特等品种适应性广、品质优，已成为我国芒果产业的主栽品种。中国与东盟国家芒果主栽品种及成熟期对比见表1-3。

表1-2 我国芒果主产区栽培面积和产量

年份	面积和产量	海南	广东	广西	云南	四川	福建	合计
2004	面积/万公顷	4.17	2.73	4.18	1.5	0.65	0.15	13.38
	总产量/万吨	22	20.01	18	11.34	0.86	0.82	73.03
2008	面积/万公顷	4.66	1.95	3.19	1.32	0.75	0.1	11.97
	总产量/万吨	30.55	18.92	17.69	10.16	2.5	1.1	80.92
2014	面积/万公顷	4.67	1.83	5.2	3.28	2.11	0.1	17.19
	总产量/万吨	45.25	21.18	40.84	27.94	6.5	0.88	142.59
2017	面积/万公顷	5.45	1.95	5.2	4.52	3.5	0.15	20.77
	总产量/万吨	56.73	21.75	68.41	30.33	20.00	1.00	198.22
2018	面积/万公顷	5.67	1.33	10.07	7.41	2.73	0.07	27.28
	总产量/万吨	68.29	32.40	73.34	47.39	14.08	1.52	237.02

表1-3 中国与东盟国家芒果主栽品种及成熟期对比

产区		主栽品种	成熟期	备注
中国	海南	早熟	3～6月	反季节芒果提早于2～4月份上市
	广东	早中熟	5～8月	
	广西	中晚熟	6～9月	
	云南	中晚熟	5月至11月初	
	四川	中晚和晚熟	7～10月	攀枝花芒果比海南、广东等产区晚2～3个月上市，时间为7～10月
	福建	晚熟	8～10月	
东盟	越南	早熟	2～5月	我国和东盟国家的芒果成熟期相似，市场竞争激烈
	泰国	早熟	3～5月	
	马来西亚	中晚熟	6～8月	
	印度尼西亚	中晚熟	9～11月	
	菲律宾	晚熟和早熟	11月至翌年6月	

5. 芒果市场价格走势

我国2002～2012年这10年来芒果整体价格变化不大，2002年全国价格3.29元/kg，2012年平均价格3.45元/kg。考虑到通货膨胀的因素，与10年前相比，芒果真实价格还有一定程度的下跌。价格的下降必然引起需求的上升，芒果需求的扩大刺激了我国芒果产业发展。

因各主产区纬度和气候不同，所以芒果成熟时间不同。海南和越南、泰国及菲律宾，芒果上市时间相似，集中在2～6月，其余的广西、广东、云南、四川、马来西亚、印度尼西亚都集中在6～11月。所以第二季度（4～6月）、第三季度（7～9月）各产区的芒果会大量上市，可能会供大于求，价格保持下行趋势。第四季度和第一季度的价格保持在比较高的水平，所以冬季及早春时节，反季节芒果是具有价格优势的。

6. 芒果进出口情况

2006年之前，芒果类产品的进口量在整个热带水果的进口量占比中是最低的。2006年之后，我国芒果类产品的进口量一直在持续增加。从2000年的13614t增加到2009年的1247997t，达到了历史进口量的最高值。在2010年之后，略有下降。

但从2016年芒果进出口统计数据来看，出口量远远大于进口量，进口量和出口量最高出现在7月份。我国芒果进口国比较分散，进口量差距并未拉开，未出现一家独大的情况。进口国主要集中在大洋洲和东南亚地区，在美洲仅有秘鲁为主要芒果进口国，其他国家均占极少量。5月份之前中国大陆60%以上进口量来自泰国，5月份主要从中国台湾进口，7月份从中国台湾进口量占比达到89%。5月份之前中国内地芒果主要出口到中国香港地区，5月份之后主要出口至越南。

第二节　我国芒果优势区域产业分析

当前，国内芒果主产区主要分布在海南、广西、云南、四川等地。其中海南芒果上市时间为1～6月，为反季节芒果；广西芒果上市时间为6～8月，广西产区以青皮芒果为主；云南华坪、四川以晚熟大果芒果品种为主，在政府引导下，广西、云南、四川芒果产区多是本地果农种植，政府推广支持力度较大；海南芒果以外省种植户为主，以非政府性质的产业协会和产业相关者自主推动发展（表1-4）。各产区主栽品种有差异，品种多元，同一品种各产区间管理技术、产量品质差异也较大。

表1-4 我国芒果主产区优劣势情况

区域	产业优势	产业劣势
海南	①上市时间为每年1～6月，海南芒果有成熟早、外观美、品质优等特点。②大量资金注入和规范化经营，芒果生产经营日渐规模化。③网络营销策略种类多，包括淘宝、微店等电子商务营销平台与订单式销售等	①整体宣传力度不足，未能形成品牌效应，缺乏品牌建设意识。②各种价格不一的芒果品种混淆消费者认知，导致消费者的认知与信任度不足。③台风等自然灾害频繁，病虫危害大，品种退化严重
广西百色	①具有做大产业规模的土地资源优势。②党委、政府重视，措施得力。③加大技术研发力度，做好芒果生产技术研究。④标准化、品牌化建设逐步推进。⑤交通便利。⑥品质优，上市时间5月下旬至9月底，与国内其他产区上市时间错开。⑦市场化建设逐步完善，大型农副产品综合批发市场建设逐步完善。⑧“互联网＋芒果销售”模式	①基础设施薄弱，生产条件亟待改善。②品种结构搭配不合理，收获期短。③生产经营组织化程度低，产业链发展不均衡。④芒果深加工和采后处理较粗放，贮藏保鲜和深加工技术薄弱。⑤越南、泰国等东盟国家芒果进入广西市场，使百色芒果受到竞争与挑战
广东	芒果产业起步较早	品种较单一，对种质资源重视不足
云南	①品质优异、错季上市等先天优势。②科技投入力度大。③“公司＋基地＋协会”的运作模式，带动芒果产业标准化发展。④合作社拓展电商新渠道	①主栽品种单一、老化，优质品种优化配置度低。②果园管理水平差、效率低。③种植面积回缩，销售渠道不通畅
福建	种植与管理技术较强	①种质资源的引进与选育研究薄弱。②品种结构不合理。③相关技术不完善
四川	①种植已具规模。②研发能力大幅提升	受地理环境约束，四川适合种植芒果的区域不多

第三节 反季节芒果发展历程

一、起源和发展历程

近20年来，海南芒果的主栽品种经历了两次较大的选择推广，每次品种的选择推广，都给海南芒果产业带来较大的发展，种植面积、产量及栽培水平都有较大的提高。第一次品种的选择推广是在20世纪80～90年代初期，这是海南发展芒果产业迎来的第一次高潮。南部主要选择推广了青皮、白象牙、吕宋等品种；西北部选择推广了椰香、紫花等品种。进入20世纪90年代中期，海南芒果业出现了低潮，芒果种植业者赚钱的不多，赔钱的不少。分析原因，主要有：①种植的品种有的好吃不好看，如青皮、椰香；有的是好看、高产但不好吃，如紫花芒；受进口芒果的影响。②品种不稳产，抗逆性差，不合适反季节栽培，如青皮、吕宋。③不耐贮运，如青皮、椰香。第一次推广的品种只有白象牙芒果能大面积种植并保留至今，原因是其高产、稳产和早熟，适合反季节栽培，且果实外观好，口感也不错。

到了20世纪90年代后期至21世纪初，海南芒果产业出现了第二次发展高潮。这跟新品种台农一号和贵妃芒的引种推广有直接的关系。到了1997年、1998年台农一号批量投产后，在市场上反响极好。台农一号果实色、香、味都很好，甜度高，很符合国人口味。该品种还高产、稳产，很快就在海南推广开来，并带动了海南芒果产业的再次快速发展，特别是海南南部的三亚、陵水、乐东等地，芒果种植面积迅速扩大。2000年后又推出了新品种贵妃芒，也是由于色、香、味较好，而且产量特别高，对海南芒果产业的发展起到了很好的促进作用，也使海南芒果在国内市场上的竞争力提高，销量大增。海南芒果品种形成了以台农一号、白象牙、贵妃芒为主的格局。近几年来，海南又选择推广了金煌芒、澳芒、玉文（少量）、金凤凰等大果型的优良品种，南田农场、崖城部分台农芒果和白象牙芒果树被换冠。

生产措施的改进也能影响品种的选择，最典型的品种是目前在海南昌江推广的红玉芒。该品种产量高，果型大，抗病高产，粗生易管，但果实水分多，风味一般。最大的缺点是果实完熟果皮仍为青绿色，不转黄，被果农称为“水芒”，售价较低。后来经销商建议套双层黑纸袋，果实品质大为提高，外观金黄色，且极耐贮运，深受市场的欢迎，售价大幅提高，红玉芒在海南昌江得到迅速推广，一项好的生产措施救活了一个品种。

经过近十年的探索，总结出海南芒果反季节早熟的栽培管理模式，使海南芒果产期从原来的5～7月提早至2～4月，甚至提早至当年11～12月，整个采收期从3个月延长至7个月，而且与国内其他产区基本没有重叠。

二、分布

海南反季节芒果栽培主要分布于海南岛南部和西南部，以市县为单位可划分为陵水、三亚、乐东、东方、昌江。

三、社会经济价值

芒果种植经济，虽然对比工业经济，整体的价值比较低。但海南反季节芒果的种植群体以本地和外地农民为主，很多人依靠芒果种植摆脱了贫困。中国最需要改善的是普通农民的生活，近 30 年来，随着城市化进程的加快，农民群体与城市工薪阶层的收入差距越来越大。出于提高经济收入的需求，大多数农民进城务工赚钱，但收入水平普遍低下。而农业经济，特别是以果树种植业为核心的农业经济使得很多农民收入水平大幅提高。在海南从事反季节芒果生产，单株的净收益在 100～500 元之间，外地承包户承包数量多在 1000 株以上，其收益率远远高于工厂务工。

粗略估计，在海南从事反季节芒果生产的种植户约 2 万户，带动约 10 万人的就业生存，整体经济价值为 20 亿元，芒果种植是普惠大多数农民群体的经济模式。

第四节 海南芒果反季节早熟生产模式存在的主要问题

一、败育果多，大果少或花而不实

芒果经过催花，谢花后往往败育果特别多，正常授粉发育的大果少。据观察，一般 9～10 月扬花的大果多，11 月底、12 月、翌年 1 月扬花的往往大果少、败育果多，有些年份在这时间段扬花的和败育果都少，或花很旺但不坐果，出现花而不实的现象，而往往在 2 月份扬花的大果又多了。据观察分析，控梢催花后，坐果率与空气湿度有直接关系，若扬花期空气湿度高，则坐果率高，且大果多；反之，坐果率低，且败育果多。就是光照很好也没用，往往空气湿度低于 80%时败育果多，湿度越低坐果率越低。由于 9～10 月，海南的雨季和台风季尚未结束，空气湿度较高，这两个月扬花的坐果率高、大果多，进入 11 月以后扬花的败育果多，因此海南反季节生产的芒果败育果多、大果少。在 2 月份上市的芒果往往大果单价比小果高，败育果保果壮果的成本高，需要不断喷植物生长调节剂促长，但价格却比大果低。近些年来，败育果多的问题已成了海南芒果反季节栽培的困局。提高坐果率，特别是提高大果率，是海南芒果反季节栽培高产、稳产的重要措施。

二、植物生长调节剂的不合理使用

果农为了达到控梢控长势的目的，对根部和叶面加大多效唑、乙烯利用量，易造成土壤残留增加，芒果生长树势差，树皮干裂，梢短缩或不出梢，叶片皱缩畸形，团花和果实发育不良。

芒果生产多喷施 GA_3（赤霉素）、6-BA（细胞分裂素）、CPPU（氯吡苯脲）和 TDZ（噻重氮苯基脲）等植物生长调节剂促进果实膨大。特别是在果实败育增加、小果率高的情况下，通过叶面喷施调节剂保果壮果是多数果农的主要手段。由于缺乏科学认识，经常随意加大使用浓度、使用次数或进行不合理混用，导致近年来因植物生长调节剂使用不当造成药害而遭受经济损失的事件时有发生。如 2010 年 3 月不少贵妃芒种植者使用 CPPU 不当造成芒果不能正常后熟；2015～2016 年生产季，三亚、乐东部分果园因 TDZ 使用不当造成芒果异常落果，有些果园甚至绝收。

三、树体早衰

由于不规范使用生长抑制剂、树体过度负载，以及在栽培管理上过度依赖化肥，极少使用农家肥、绿肥等有机肥，造成土壤有机质含量严重下降、土壤肥力低，相当部分果园的芒果树体早衰现象严重，影响果实品质。

四、果实采嫩果

果实早采已是各芒果产区普遍存在的问题，但生产特早熟芒果的海南产区由于高额的利润诱惑，果农希望卖早果的心理更严重一些，也更不容易控制。因为各家各户控梢促花的时间不一致，所以成熟期也就不一致。另外，目前的销售模式使得政府在芒果交易过程中对其果实品质监管困难，只能寄希望于生产者自律。

五、基础设施建设严重滞后

海南省目前芒果园的道路系统、排灌系统、防风、采收和采后处理加工、包装、贮藏、运输等基础设施还很简陋。农户基本没有这些基础设施，露天作业，专业户、小企业多为临时性设施，几家大企业设施也很不完善。在保鲜包装环节上，多数果园包装不规范。收获前期芒果采摘一般要能够顺利催熟才能基本保证芒果质量，而未熟先摘的现象仍然较为普遍，影响口感，对未来海南芒果在市场上的品牌质量造成一定的负面影响。

第二章　芒果的生物学特性与主栽品种

建省之初，海南从北到南，各市县均有芒果栽培，但产量和品质主要以三亚、陵水、乐东一带的芒果最佳。从20世纪90年代中期开始，省农业厅组织教学、科研、生产等相关单位的专家组成调查组，对海南芒果品种及其适应性进行调查，提出适宜海南种植的芒果品种与商品化生产适宜区。

20世纪90年代初开始，随着芒果生产的快速发展，不断引进优质新品种，对老品种进行大规模的换冠改造，以台农一号、金煌芒、白象牙、贵妃芒、红玉芒为代表的优质品种在芒果生产中占很大比重。目前，上述5个优质品种占海南芒果产量的70%以上。同时，海南还致力于产期调节，生产1～4月成熟的芒果供应水果淡季，适应了消费市场的需求，获取了较高的经济效益。

第一节　芒果的生物学特征

一、基本信息

芒果是杧果（*Mangifera indica* L.）的通俗名，属漆树科杧果属杧果种。芒果叶革质，互生；花小，杂性，黄色或淡黄色，呈顶生的圆锥花序。核果大、压扁，长5～10cm，宽3～4.5cm，成熟时黄色，味甜，果核坚硬。

二、形态特征

芒果是常绿大乔木，原生植株高10～20m；树皮灰褐色，小枝褐色，无毛。叶薄，革质，常集生于枝顶，叶形和大小变化较大，通常为长圆形或长圆状披针形，长 12～30cm，宽 3.5～6.5cm，先端渐尖、长渐尖或急尖，基部楔形或近圆形，边缘皱波状，无毛，叶面略具光泽，侧脉 20～25 对，斜升，两面突起，网脉不显，叶柄长 2～6cm，上面具槽，基部膨大。

圆锥花序长 20～35cm，多花密集，被灰黄色微柔毛，分枝开展，最靠近基部分枝长 6～15cm；苞片呈披针形，长约 1.5mm，被微柔毛；花小，杂性，黄色或淡黄色；花梗长 1.5～3mm，具节；萼片呈卵状披针形，长 2.5～3mm，宽约 1.5mm，渐尖，外面被微柔毛，边缘具细毛；花瓣呈长圆形或长圆状披针形，长 3.5～4mm，宽约 1.5mm，无毛，里面具 3～5 条突起的棕褐色脉纹，开花时外卷；花盘膨大，肉质，浅裂；雄蕊仅 1 个发育，长约 2.5mm，花药呈卵圆形，不育雄蕊 3～4 个，具极短的花丝和疣状花药原基或缺；子房呈斜卵形，径约 1.5mm，无毛，花柱近顶生，长约 2.5mm。

核果大，肾形（栽培品种不同其形状和大小变化极大），压扁，长 5～10cm，宽 3～4.5cm，成熟时黄色，部分品种成熟后果皮仍保持青绿色，中果皮肉质，肥厚，鲜黄色，味甜，果核坚硬。

三、生长习性

1. 生长发育

芒果枝梢呈蓬次式生长，芽由苞片包裹，生长时苞片先绽开，芽梢伸长，叶片开展，苞片随即脱落。中、下部叶片互生，叶距较大。一般苗期和幼树每年抽 6～8 次梢，幼龄结果树抽 2～4 次梢，成龄树抽 1～2 次梢。3～5 月抽生的枝梢为春梢，6～8 月为夏梢，9～11 月为秋梢，12 月至翌年 2 月为冬梢。在海南夏梢是主要结果母枝，但秋梢也可成为结果母枝，在条件良好的情况下，某些品种在 12 月至翌年 1 月抽生的冬梢也能开花结果，从芽萌动至枝梢停止生长、叶片老熟历时 15～35d。夏、秋梢历时较短，冬梢较长。枝梢生长与根系生长交替进行。

2. 开花结果

（1）花芽　在正常情况下，芒果花芽分化从 10 月下旬至 11 月开始。在叶片光照时间充足、营养积累充足的条件下，使用催花剂则任何时候都可能花芽分化。从花芽分化至花序的第一朵花开放历时 20～39d，但第一朵花开放后花序还在继续伸长。适当的低温干旱有利于花芽分化；花序发育期适度的升温有利于两性花的形成。

（2）开花　芒果树自然开花在每年12月至次年1～2月，有时会提早至9月或推迟到次年3月，盛花期在春节前后。一个花序从第一朵花开放至全花序开放完毕需15～25d，一株树的花期约50d。芒果花有两性花与雄花，两性花有发育正常的雄蕊和雌蕊，可进行正常的传粉受精和结实；雄花没有雌蕊，开花后不能结实。多数栽培品种两性花占15%以上。一朵花从花瓣展开至柱头干枯约1.5d，高温时花器发育较快，花期短；低温时花器发育较慢，花期长。

（3）果实　果实发育从开花受精后子房膨大开始，约经1.5个月后果实迅速增大，采果前10～15d增长极缓慢或不增长，这时主要是增厚、充实、增重。从开花结实至果实青熟，早熟种需85～110d，中熟种需100～120d，迟熟种需120～150d。在果实发育期间有两次明显的落果高峰：第一次在花后2周左右，主要是受精不良的小果枯黄脱落，落果量较大；第二次在花后4～7周，除小部分是发育不良的畸形果或败育果外，而更多的是因养分和水分不足造成的落果。正常情况下，花后75d以后很少再发生生理落果，到花后80～85d只有风害、裂果或病虫害才招致落果。果实收获期在5～7月，因品种和地区而异。

3. 环境条件

（1）温度　芒果性喜温暖，不耐寒霜。最适生长温度为25～30℃，低于20℃生长缓慢，低于10℃叶片、花序会停止生长，近成熟的果实会受寒害。世界芒果生产区年均温在20℃以上，最低月均温大于15℃。中国能正常生长结果的产区年均温为19.8～24.1℃，但以年均温21～22℃、最冷月温度大于15℃、几乎全年无霜的地区为多。芒果生长的有效温度为18～35℃、枝梢生长的适温为24～29℃、授粉受精和幼果生长需大于20℃的日均温。

温度不足，授粉受精不良，甚至花序枯死或种胚败育死亡。气温高于37℃时，小花和果实产生日灼；低于10℃，新梢及花穗停止生长；5℃以下，幼苗、嫩梢和花穗受寒；0℃左右幼苗地上部、成年树的花穗和嫩梢、外围叶片都会受害，严重时枯死。-3℃以下幼树冻死，大树严重受冻。

（2）光照　芒果为喜光果树，梢期和果期充足的光照可促进花芽分化、开花坐果和提高果实品质、改善果实外观。通常树冠的阳面或空旷环境下的单株开花多，坐果率高；枝叶过多、树冠郁闭、光照不足的芒果树开花结果少，果实外观和品质均差。可通过整形修剪，改善园内、树内的光照条件以提高产量和延长盛产期。

（3）水分　芒果在年降雨量700～2000mm的地区生长良好，华南地区年降雨量分布不均常对芒果的生长发育带来影响。花期和结果初期如空气过分干燥，易引起落花落果；雨水过多又导致烂花和授粉受精不良；夏季降雨过于集中，常诱发严重的果实病害；采收后的秋旱多影响秋梢母枝的萌发、生长。

（4）土壤　芒果对土壤要求不严，在海拔600m以下的地区均可栽培芒果。但以土层深厚、地下水位低于3m、排水良好、微酸性的壤土或沙壤土为好。

4. 地理分布

中国芒果产区包括海南、云南、广西、广东、福建、台湾，芒果主要长在海拔200～1350m的山坡、河谷或林中。目前芒果在世界各地已广为栽培，并培育出上千个品种，中国栽培品种已达40余个。

5. 品种分类

全世界的芒果栽培品种有1000多个，从植物学上分为两大种群：

（1）单胚类型　种子仅有一个胚，播种后仅出一株苗，实生树变异性大，不能保持母本优良性状。印度芒及其实生后代（如红芒类），中国的紫花芒、桂香芒、串芒、粤西一号和广西“红象牙”等均属单胚品种。

（2）多胚类型　种子有多个胚，播种后能长出几株苗，能发育成苗的胚多属无性胚，故实生树变异性小，多数能保持母本性状。菲律宾品种、泰国芒及海南省的土芒多属这一类型。

6. 芒果不同生长阶段叶片营养变化规律

芒果的生长周期被划分为4个阶段：营养生长期（5～9月）、生殖生长期（9～10月）、果实膨大期（10月至次年1月）和果实成熟期（1～2月）。生长周期内，两蓬叶的氮含量年变化呈两头高、中间低的波浪状；磷含量呈先升后降再上升的趋势；钾含量呈上升后持续下降的趋势。营养生长期，第1蓬叶磷含量高于第2蓬叶；生殖生长期，第1蓬叶钾含量低于第2蓬叶；其他时期，第1蓬叶氮、钾含量高，第2蓬叶磷含量高。在不同的时期内，第1、2蓬叶氮、磷、钾含量存在差异：两蓬叶的氮含量在9月、11月、12月、2月差异显著；磷含量在10月和次年2月差异显著；钾含量在10月差异显著。果树在10月对氮、磷、钾的需求量最大，生产上需注意在这段时间内及时补充氮、磷、钾。

不同的生理期内，台农芒果两蓬叶中的氮、磷、钾的变化各不相同：营养生长期间，两蓬叶中的氮含量逐渐上升，第1蓬叶增加较快。磷含量在营养生长期的后半段（7～9月）就开始下降，且第1蓬叶下降较快。两蓬叶中的钾含量变化趋势与氮含量的变化趋势相同。生殖生长期内，台农芒果两蓬叶中的氮、钾的含量呈现下降的趋势，磷的含量则略有升高。第1蓬叶中的钾和磷的含量要低于第2蓬叶中的含量。与之相反，第1蓬叶中的氮含量高于第2蓬叶。果实膨大期，氮含量先下降，后上升，第1蓬叶中的氮含量高于第2蓬叶。磷含量变化较小，基本平稳，第1蓬叶中的磷含量低于第2蓬叶。在此阶段，果实对钾的需求较多，芒果叶中的钾含量都呈下降趋势。台农芒果叶片中，钾含量总体趋于下降，除10月第1蓬叶中的钾含量低于第2蓬叶，其余第1蓬叶中的钾含量均较高。果实成熟期，台农芒果两蓬叶中的氮含量有所下降，且第1蓬叶中的氮含量较低，磷和钾含量基本不变，第1蓬叶中的磷含量较低、钾含量与第2蓬叶相同。研究结果说明，在不同的时间段内，不同的叶位氮、磷、钾变化趋势不同。叶位不同，对台农芒果叶片中氮、磷、钾的变化有一定的影响。植株结果后，对氮和钾的需求都较多，生产中要及时补充，尤其是钾。在结果时可以在正常管理的基础上，适量加大钾肥的施用量。

第二节　海南主栽芒果品种介绍

一、台农一号

【品种起源】中国台湾地区凤山园艺所用海顿和爱文杂交选育而成，因此，其果型、大小与爱文芒果相似，叶片形状则兼具父本和母本叶片特征。海南陵水、三亚、乐东、东方均有相当大的栽培面积，总面积约40万亩（1亩≈666.67m^2），为海南省种植面积最大、范围最广的芒果品种。

【主要性状】自然生长的台农芒果树多高干，树冠呈两头尖状；人工长期管理的树干则多采用矮化处理，主干高约50～100cm。中庸树势，主根可深入地表以下1～2m的范围，侧根和根毛则主要分布于地表以下20cm处，因此施肥沟深度在20～30cm即可（图2-1）。

树冠呈圆头形，分枝力较强，自然生长情况下一年最多可以出4蓬梢。人工管理则每年留2级辅养枝，随即控梢积累干物质，为催花积累碳

图 2-1　台农芒果根系

水化合物，每级辅养枝叶片数约在 20 片左右，叶片数量太少或叶间距过长（长于 30cm）不利于催花、挂果。叶片呈披针形，长 15～30cm，自然伸展，中脉微凸，侧脉 20～24 对，叶面革质深绿色，叶背肉质浅绿色，叶面平整，叶缘呈波浪形，微扭曲。

【开花生理】台农一号在海南地区花期从最早的 8 月，至来年 2 月逐渐结束，开花最密集的月份在 10～12 月，花期过早难催花，过晚由于上市时间重叠导致经济价值降低。花序呈圆锥形，3 级分枝，较紧密，花序轴红色。小花 5 瓣，花瓣初开时为白色，随着阳光照射，花青苷积累逐渐变为红色；彩腺初为金黄色，后期变为红褐色。两性花率约 46%，受 920（赤霉酸）刺激雄花和败育花增多。台农芒果花序对营养较敏感，营养充分则花秆红润，营养不足则在谢花期容易迅速褪白，严重者会导致空枝（图 2-2），梢不齐、不壮或树形不好，开花不整齐，影响生产效率。受温

图 2-2　台农芒果花蕾期（见彩图）

度影响，台农芒果的花期 15～30d 不等，温度越高花期越短，温度越低花期越长。

【果实生理】果实上宽下窄，果腹中间有内凹弧度，果背向后微凸，两侧果面微凸。管理不善或自然生长的果园，果重在 50g 左右。海南地区台农商品果分“公果”和“母果”两种：“公果”即指败育商品果；“母果”指受精程度不同的芒果（图 2-3）。“公果”商品果果重在 100g 以上即达标，“母果”随着受精程度的不同，果重在 150～300g。芒果种子由多个种胚组成，受精程度对果实大小的影响差异较大。

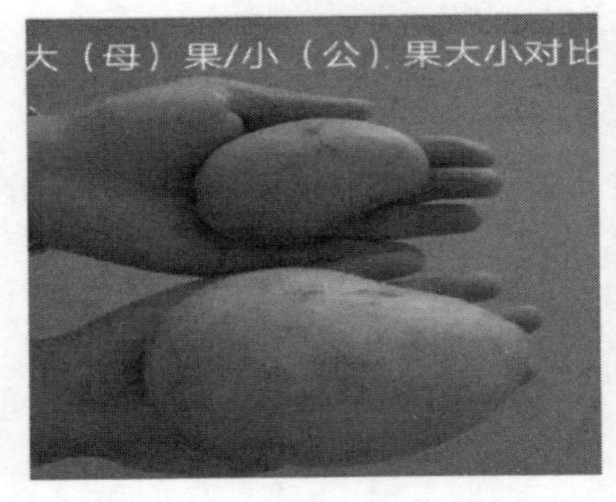

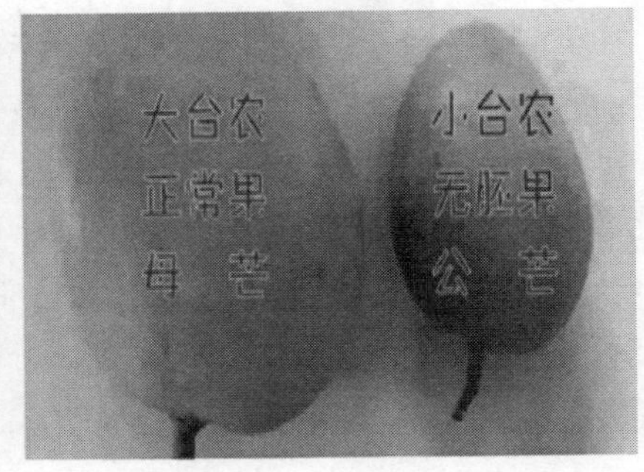

图 2-3　台农公果与母果

【商品果特性】早批上市的台农商品果果皮青绿，随着时间推移，果实内碳水化合物积累较多的芒果果皮青绿，表层有淡淡红斑，呈现亲本果色特征，色泽美观、果皮细腻、无明显果点。成熟的台农一号芒果果肉橙黄色至深黄色，肉质细腻，无纤维，果香浓郁，隔着果皮即能闻到，口感香甜，风味绝佳。研究表明：台农一号芒果的香气主要由 β-葡萄糖苷酶酶解产生的异松油烯和反，顺-2,6-壬二烯醛组成，橘、松、青和木香是其主要的香韵类型。

经测定，台农早果糖度在 10～15 度，随着时间的推移，临近 4～5 月成熟的芒果的糖度逐渐升高，糖度最高可达 23 度。优质的商品果，被催熟后（图 2-4），能将果皮表层揭掉而不带果肉。果核呈椭圆形，核壁较薄，中脉不明显。“公果”的果核极薄，果肉可食率较高；“母果”的果核稍厚，可食率相对低一些。种子多胚，位于种壳中部。台农芒果因商品果果个小，发育时间短，时长在 100d 左右，历来是商品果生产的主力军，上市时间从 1 月至 6 月。

图 2-4　台农芒果催熟后果色（见彩图）

二、金煌

【品种起源】金煌是由我国台湾果农黄金煌先生改育良种成功的芒果新品种。其父本为凯特（Keitt），果实较大；母本为怀特（White），果实优良。金煌芒果的叶片宽度类似凯特，长度和叶色则具有怀特叶片的特征，长度可达 30cm，叶色浓绿，叶表革质（图 2-5）。海南金煌芒果主要分布于三亚南田、藤桥一带，由于经济价值高，崖城地区也有相当的种植面积，总面积约在 5 万亩左右。

图 2-5　金煌芒果果园

【主要性状】该品种实生苗树势直立，生长势强，枝干粗壮，结果枝较台农更粗、更长。海南地区的金煌芒果多是高接换种，砧木包括台农、象牙、红金龙，象牙、红金龙改接的金煌芒果树势较强；台农改接的金煌芒果树势较弱，容易衰退，出梢整齐度差，叶片长度缩短，功能叶减少。改接后一般第二年即可挂果，不同的砧木对金煌的产量影响差异较大，对口感、品质影响不大。

金煌的嫩叶呈浅绿色，柔软嫩薄，随着根部水肥的供应和光合作用的影响，叶片逐渐变长变大、变厚变绿。叶片宽椭圆披针形，有一定厚度，用手按有明显的硬度和弹性，叶缘呈波浪形，边缘稍扭曲。中脉凸出，侧脉 18～23 对，主脉角度大，正面叶脉凹陷，叶肉凸起，叶背脉络后凸。叶柄上仰，粗长、无沟。

相较于台农芒果树，金煌的树冠普遍更大，呈圆球形，矮化程度较高，方便管理和降低台风影响。由于金煌果型较大，一般果园会酌情留二蓬或三蓬梢，保障果实发育有足够的辅养枝组，若枝条过少或叶片黄化、短小、稀疏，果实的重量很难发育到商品果的级别，口感和耐贮藏性也很差。

【开花习性】海南金煌芒果催花时间在 9～12 月，其中 10～11 月开花较密集，这段时间的气温较适宜，出花后可在来年 3～4 月上市，行情较好。一般金煌从催花到开始出花，需要 2 周时间。花序顶生，呈圆锥形，大而疏散，花秆粗壮，基部约有 8mm 粗，主花秆长度可达 30cm。花秆红中带绿，随着树势的强弱和营养供应不同，花秆的颜色有显著的差异，但很少有像台农一号因营养不足而发生大量落果空枝的现象。金煌花瓣呈浅黄色，花药褐色，彩腺橙黄色。两性花率 9%（图 2-6）。

图 2-6　金煌芒果花蕾期（见彩图）

【果实生理】金煌小果颜色深绿，白色果点明显，幼果期的果型类似台农，但腹部线条更长，同时期个头要比台农幼果大一倍。随着果实的发育至果重为30g时开始套袋（图2-7），采摘前取袋，果色变为黄绿色。原因是套袋的金煌芒果，由于得不到充足的光照，果皮内的叶绿素逐渐降解或转化为类胡萝卜素。金煌的果期在120d左右，成品果果型兼具象牙、凯特的特征，果长、尾部弯钩类似象牙，果肩部圆润，厚度类似凯特，海南省生产的金煌芒果果形类似豌豆粒或肾形。

图2-7　金煌小果套袋前（见彩图）

【商品果特性】金煌芒果的商品果分为两种，大部分是“公果”，单果重在300～500g，打包后直接运往外地市场销售。另一种果个偏大的，受精完全的金煌果单果重可达1.5kg，普通的则0.5～1kg不等（图2-8）。由于金煌的“母果率”偏低，在1%左右，一般采摘的大型母果直接供应本地商超，销售给来海南旅游的游客。

程宁宁等在海南金煌芒果叶片营养规律研究中，通过对海南省三亚市金煌芒果叶片中N、P、K、Ca、Mg、S、Fe、Mn、Cu、Zn、B 11种营养元素含量进行全年跟踪分析，结果表明：①11种营养元素在金煌芒果叶片中的含量由高到低排列为N>Ca>K>Mg>P>S>Mn>Fe>B>Zn>Cu，其中N、Ca含量较高，P、Mg、S、Zn含量月份间变化不明显。②金煌芒果的生长周期可分为4个阶段：营养生长期（5～9月）、生殖生长期（9～11月）、果实膨大期（11月至来年的2月）和果实成熟期（2～4月）。各阶段叶片养分含量变化规律有所差异：营养生长期，叶片中的营养元素除K、Cu含量有所下降之外，其余营养元素的含量均有不同程度的升高。

图 2-8　500g 左右的金煌商品果（见彩图）

生殖生长期，叶片中的营养元素 N、B、Ca 含量上升，其他元素含量有不同程度的下降。果实膨大期，叶片中的 N、K、Fe、Zn、B 含量下降，Ca、Mn、Cu 含量上升。果实成熟期，叶片中 N、Mn、Fe、B、Cu 含量均有不同程度的增加，K、Ca 含量有所下降。

三、贵妃

【品种起源】贵妃芒果又名红金龙，由我国台湾地区专家选育而来。1997 年，台商廖建雄先生在海南陵水创立鼎立公司，将贵妃芒果引入海南。该品种商品性极佳，采摘时果皮粉红底色泛青，被催熟后果皮呈金黄色。当前，海南地区的贵妃芒果主要集中在陵水，三亚荔枝沟、田独、崖城，乐东一带。由于很多果农管理不好这个品种，部分果园进行高接换种，改种经济价值更高的金煌芒果，但仍有些果农善于种植贵妃芒果，并因此获益。当前，海南贵妃芒果种植面积在 5 万亩左右，种植水平较高的多是一些大型基地，主要在陵水、崖城、黄流三个地方有几个种植贵妃芒果成规模的大型基地，同时产量、品质又都不错。

【主要性状】该品种树势健壮，人工管理树冠呈圆头形，海南地区的贵妃芒果多是实生苗，因此，整体树势相对改接的金煌芒果更壮旺。贵妃芒果实生苗的根系发达，枝梢较紧凑，枝条粗壮，叶舒展，叶片呈长披针形，中脉凸出，侧脉 31～38 对，叶色浓绿，叶面平整，叶片硬度较大，叶缘微卷，渐尖（图 2-9）。叶面宽度相对金煌芒果的叶片要窄一些，叶肩部盾圆，最宽处达 3～5cm，叶长可达 30cm。

图 2-9　贵妃芒果二蓬梢转绿老熟期（见彩图）

【开花习性】贵妃芒果在海南地区于每年 10 月至翌年 1 月花芽分化和开花，花芽分化期一般光热条件较好，需要 15～20d 的时间（图 2-10、图 2-11）；花蕾期和扬花期在 15～30d 左右，遇到不良天气时间延长（图 2-12）。树势弱的果树，开花时间会延长很多，而且不整齐，多批次出花甚至不出花的情况很普遍。花序呈长圆锥形，3～4 级分枝，较疏松，花序轴深红色。小花 5～6 瓣，花瓣初开为白色，后期变为红色；彩腺初为橘黄色，后期变为褐红色。两性花率 21%。

图 2-10　贵妃芒果出花前芽点流胶

【果实生理】谢花后坐果率很高，贵妃芒果果实自然发育状态下，落果率很低，如不及早用 920 除掉多余的果实，将形成大量串果，串果果实

图 2-11　贵妃芒果混合芽

图 2-12　贵妃芒果花蕾期

个头小，缺乏商品性。贵妃芒果现果后果色即是浅红色，局部有青绿色果皮，受光照、温度、用药、用肥和调节剂影响，果面着色率、颜色深浅差异较大（图 2-13）。贵妃芒果果皮娇嫩，对药物敏感，核桃大以后拉长膨大剂使用不当会造成果面灼伤引起色斑。过量使用含锌杀菌剂则导致果皮返青，后期使用嘧菌酯类杀菌剂则容易导致果实催不熟。果实发育期在100～110d，成熟商品果呈不规则纺锤形，“公果”果重 150g 即达到商品果标准，“母果”单果重 360～560g。无果肩，果腹凸出，果背平，果颈平，果窝斜平。成熟果果肉金黄色，肉质细腻，纤维极少，果汁较多，口感酸甜适中，清甜可口，稍有松油味。“公果”可食率高，可达 90%；“母果”可食率低，74.5%～84.3%。早果糖度较低，10 度左右，随着生产延后，越接近 4～5 月成熟的芒果，糖度越高，最高可达 16 度（图 2-14）。果核呈长椭圆形，核壁极薄，中脉不明显。

图 2-13　贵妃芒果中果期（见彩图）

图 2-14　贵妃芒果果实发育后期（见彩图）

【商品果特性】贵妃芒果由于果皮娇嫩，对药物敏感，海南岛内能真正管理出高品质的贵妃芒果基地凤毛麟角。商品果单果重平均为 150g，果形端正，果皮粉红色，无病虫斑、机械损伤、药物灼伤、颜色红褐等瑕疵；催熟后无炭疽斑点，纤维少，无水烂、软腐，糖度在 13 度以上风味较佳。

四、白象牙

【品种起源】白象牙芒果，原产于泰国，20 世纪 30 年代引入我国海南省。当前主要集中在海南崖城、感城一带，总面积约在 5 万亩。种植水平较高的早果区域主要集中在崖城。

【主要性状】海南省的白象牙芒果以实生苗为主，该品种树势壮旺，枝梢较紧凑。叶片形状类似贵妃芒果，但更短狭，侧脉向叶背凸出更明显。白象牙芒果叶形长椭圆状披针形，侧脉 26～28 对，叶色浓绿油亮，叶面平整、硬度较大，叶缘微波浪形、急尖，叶痕半圆形。嫩叶浅铜色，随着光照和营养的补充，逐渐转绿、变厚（图 2-15）。白象牙芒果的嫩叶对叶面肥较敏感，喷施含花青苷类型的叶面肥嫩叶发黑；喷施含氮高的叶面肥叶面积增大；喷施高钙类型的叶面肥叶片厚度增加；喷施海藻类叶面肥叶片转绿快。由于近几年海南省金煌芒果的效益较高，白象牙芒果的经济效益相对低一些，部分果农选择将白象牙芒果砧木改接金煌芒果接穗，由于白象牙芒果的根系较发达，因此改接后树势较台农芒果砧木更壮。但多数种植户还是选择保留种植该品种，因为白象牙芒果树冠较其他品种更大，枝条长而粗壮，叶片长椭圆披针形，挂果也多串果，生理落果率较低，因此丰产性好。

图 2-15　白象牙芒果二蓬梢转绿老熟期（见彩图）

【开花习性】白象牙芒果在海南省于每年 9 月开始花芽分化，10～12 月进入盛花期。圆锥形花序，4～5 级分枝，花序较紧密，花序轴绿色泛红。小花 5～6 瓣，后期变为深黄色；彩腺初为金黄色，后期变为褐色。

两性花率30%。

【果实生理】果实尾部微弯，与果肩呈相反方向，呈幼象牙形，因此得名。白象牙芒果果实属多胚型品种，种胚位于果核中上部。无果肩，果腹凸出，果背稍平，果颈平（图2-16）。采收七成熟果果皮绿底泛黄，色泽嫩绿，极薄，蜡质层较厚，果点稀疏不明显。催熟后果肉为乳白色，肉质极细腻，果汁多，纤维少，果味清香，口感清甜，品质极佳。果实发育期在110d左右，"母果"单果重260～500g，"公果"在200g以上即达到商品果的果重。白象牙芒果的树势壮旺，果实发育能得到足够的营养和水分供应。因此，由营养缺乏导致的生理落果较少。在海南所有芒果品种里，白象牙芒果果皮属于最薄、最嫩类型，容易裂果。白象牙芒果对农药，特别是对杀虫剂敏感，芒果小果期如要使用乳油类灭杀蓟马的药剂，容易引发药害，但同期其他品种芒果受此影响不大，由此可证明白象牙芒果的耐药性不好。

图2-16　白象牙果实膨大后期（见彩图）

【商品果特性】白象牙商品果呈小象牙形，大小适中，"公果"商品果长度在12cm以上，"母果"商品果长度在15cm以上。海南市场80%以上的白象牙芒果是"公果"，这是反季节芒果生产的特征——将败育果管理成商品果上市。但这种管理方式对果实的商品性，如肉质、口感、糖度影响并不大，反而提高了单果可食率。优质白象牙芒果外形美观，风味清甜，入口即化，耐贮藏。

五、台芽芒果

【品种起源】我国台湾选育的优良早中熟品种，长势强。

【主要性状】树姿开张，树冠圆头形，枝梢密度适中，主干灰白色，较光滑，嫩枝淡绿色，成熟后灰白色。叶片长披针形，水平生长，长20～30cm，宽2～3cm，叶形指数为10∶1，叶脉中等。叶片革质，渐尖，叶基楔形，叶缘平展，叶柄长1.5cm。成熟叶深绿色，气味较淡，幼叶浅绿色。海南以留春梢、夏梢两蓬梢为主，春梢30d，夏梢25d。

【开花习性】无二次花，每年开花，花序轴直立，顶生，长圆锥形。花序长20～30cm，宽10～15cm，小花密度中等，两性花20%。花梗浅绿色，侧穗与主穗连接处呈淡红色，花盘窄（图2-17、图2-18）。雄蕊5个（1个可育），花蕊直径约5mm。海南三亚9月份花期30d。

图2-17　台芽芒果抽蕾期

图2-18　台芽芒果花蕾期

【果实生理】台芽芒果属于早熟芒果品种，从坐果到七成熟采摘需要100d的时间。5年树龄单株产量35kg，中等，由于不采树熟果，一般整园采摘。常温条件下，25℃以上储藏期为5～7d，低于10℃会自然成熟慢，15d可逐渐成熟，但脱水严重。平均单果重150～200g，果实纵径10～12cm，横径4～6cm，果形指数为2∶1。果实呈卵形，无果喙，果窝浅，果顶钝圆。无果洼，无果颈，腹沟明显，果肩突起。果梗垂直，青熟果底色淡绿、盖色淡红（图2-19）。完熟果果皮黄色、底色金黄、盖色淡红，果皮厚0.2mm。果粉厚，果皮光滑，皮孔稀疏，果皮与果肉较黏。果肉浅黄，肉质细腻，纤维极少。果核隆起，脉络平行，纵径3～4cm，横径2～3cm，侧径0.3cm。种仁体积占种壳51%～75%，种仁肾形，纵径2cm，横径1.5cm，重量13～15g。种子单胚。

图 2-19 台芽芒果采收前（见彩图）

【商品果特性】台芽芒果果皮盖色粉红，商品果单果重平均为 150～200g，果形端正，无病虫斑、机械损伤、药物灼伤、颜色红褐等瑕疵；催熟后无炭疽斑点，纤维少，无水烂、软腐，糖度在 13 度以上风味较佳。

六、红玉芒果

【品种起源】不详。

【主要性状】树姿开张，树冠圆头形，枝梢密度适中，主干灰白色，较光滑，嫩枝淡绿色，成熟后灰白色（图 2-20）。叶片呈长椭圆形，半下

图 2-20 红玉芒果嫩梢（见彩图）

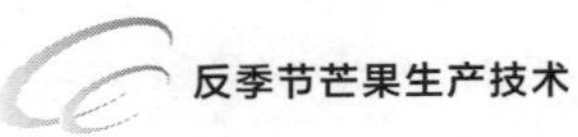

垂生长，长 25～35cm，宽 3～4cm，叶形指数为 8∶1，叶脉中等。叶片革质，渐尖，叶基楔形，叶缘平展，叶柄长 2～3cm（图 2-21）。成熟叶绿色，气味较淡，幼叶褐色。海南以留夏梢、秋梢两蓬梢为主，夏梢 25d，秋梢 30d（图 2-22）。

图 2-21　红玉芒果二蓬梢

图 2-22　红玉芒果果园催花前

【开花习性】有多次开花的现象，每年开花，花序轴直立，顶生，长圆锥形（图 2-23）。花序长 20～40cm，宽 10～20cm，小花密度中等，两性花率 22%。花梗红褐色，花期营养不足容易花秆褪白，花盘窄。雄蕊 5 个（1 个可育），花蕊直径约 5mm。海南昌江 1 月份花期 30d。

图 2-23　红玉芒果花序（见彩图）

【果实生理】红玉芒果属于中熟芒果品种，从坐果到七成熟采摘需要

120～130d 的时间。5 年树龄单株产量 35kg，中等，由于不采树熟果，一般整园采摘。常温条件下，25℃以上储藏期为 5～7d，低于 10℃会自然成熟慢，15d 可逐渐成熟，但脱水严重。平均单果重 300～500g，果实纵径 15～20cm，横径 8～10cm，果形指数为 2：1。果实呈卵形，无果喙，果窝浅，果顶钝圆。无果洼，无果颈，腹沟明显，果肩突起。果梗垂直，青熟果底色淡绿、盖色淡红。套袋红玉完熟果果皮黄白色，果皮厚 0.15mm（图 2-24）。果粉一般，果皮光滑，皮孔稀疏，果皮与果肉较黏。果肉浅黄，肉质细腻，纤维极少。果核隆起，脉络平行，纵径 5～7cm，横径 3～4cm，侧径 0.3cm。种仁体积占种壳 61%～75%，种仁肾形，纵径 2cm，横径 1.5cm，重量 13～15g。种子单胚。

图 2-24 红玉芒果商品果（见彩图）

【商品果特性】红玉芒果果皮黄白色，商品果单果重平均为 300～500g，果形端正，无病虫斑、机械损伤、药物灼伤、颜色红褐等瑕疵；催熟后无炭疽斑点，纤维少，无水烂、软腐，糖度在 14 度以上风味较佳。

七、桂七芒

【品种起源】学名桂热芒 82 号，又名田东青芒，是广西亚热带作物研究所于 1994 年从印度芒 901 号实生后代中选出的优良变异单株。2016 年，海南三亚崖城闽新农场果农魏倪武首次将桂七芒引入海南，将从广西拿来的桂七芒作接穗嫁接到白象牙砧木上，当年即开始挂果。海南属亚热带气候，桂七芒引入后市场上将有最早批的桂七芒上市，其独特的风味、有限

的种植数量将使果农获得更高收益。

【主要性状】该品种嫁接树长势中等，树冠呈圆头形，无明显开心树形，枝梢紧凑，结果早，丰产性好。叶钝尖，椭圆形，自然伸展，中脉平整，侧脉22～24对，叶色浓绿，叶面平整，叶缘微波浪，轻度上卷，叶痕圆形。叶长约20cm，宽3～4cm，在海南芒果品种里，其叶片相对较薄，可能跟刚刚开始引入有关。

【开花习性】桂七芒在海南地区每年10月开始花芽分花，11月进入盛花期。花序呈圆锥形，4～5级分枝，较疏松，花序轴红色。小花5～6瓣，花瓣初开为白色，后期变为淡红色；彩腺初为金黄色，后期变为褐色。两性花率15%～20.6%。

【果实生理】果实呈“S”形，海南测得平均单果重100～300g，无果肩，果腹凸出，果背平，果喙凸出，果窝凹陷，无腹沟（图2-25）。这与广西桂七芒实生苗的果重有较大的差异，广西的桂七芒单果重为220～360g。海南第一年嫁接的桂七芒接穗并不多，在抽梢期整体的枝条数量和叶片数量都比较理想（图2-26）。这与桂七芒本身的树势有关。所以在果实膨大期，结合适量的拉长膨大剂，在不影响品质的前提下，应该可以将桂七芒的果个提升至与广西桂七芒的一样。桂七芒的耐药性比较好，在果实发育期使用杀虫杀菌剂、调节剂和叶面肥一般不会造成果皮损伤。其抗病性也表现得较好，特别在花期、小果期同等数量的蓟马危害程度比台农、象牙这些品种要轻微得多。因此，桂七芒管理更为轻松。

图2-25　桂七芒（见彩图）

图2-26　海南首批桂七芒

【商品果特性】桂七芒属于青皮芒果品种，这种芒果在成熟过程中和成熟后果皮仍保持青绿色。果皮光滑，果点明显。果肉淡黄色，肉质细腻、多汁，纤维极少，果味清甜、芳香，风味独特。“公果”可食率90%，“母果”可食率约75%，糖度值在17左右。种子单胚，果核扁薄，呈长椭圆形。桂七芒在海南第一年上市即成为当年市场上最早批的桂七芒，果商获利丰厚。一时间，海南桂七芒在果商群体里形成了一个热门话题，预计在未来海南的桂七芒种植面积将会逐渐扩大，并逐渐成为反季节芒果的另一个新品种。桂七芒的果个适中，耐贮运能力较好，快递运输损耗率低，是一个适合电商发展的芒果品种。

第三节 品种布局和发展趋势

一、贵妃芒果

贵妃芒果最早由我国台湾鼎力公司引进到陵水县种植，现多集中于崖城、黄流一带。该品种催花对树势要求较高，果皮对药物敏感，因此很多用肥用药技术不过关的种植户很难种好该品种。过去几年来，常遇见贵妃芒果催不出花或果皮药伤的状况。贵妃芒果因为果皮通红，形象高端，在市场上深受消费者喜爱。当前贵妃芒果生产主要的问题在于果实品质方面，之所以目前种植面积有所减少，主要是因为果农管理不出高品质的芒果。但随着生产技术的不断改进，相信该品种在未来仍有不错的发展前景。近几年三亚芒果协会也在大力推广贵妃芒果，使得该品种的品牌知名度有所提升，市场行情变好。

二、金煌芒果

金煌芒果集中在三亚南田、藤桥一带，三亚崖城也有相当的种植面积，但整体影响力比不上南田。该品种芒果因果个较大，套袋催熟后果皮淡黄白色，外观漂亮，故近几年在市场上广受欢迎。由于金煌芒果的收购价格较高，很多果农将自己果园的其他芒果品种进行高接换种，改接金煌，使得近几年金煌种植面积迅速扩大。

三、台农芒果

台农芒果在海南的种植面积最大，基本各地都有种植，具体包括英州，三亚荔枝沟、田独、羊栏、崖城、南滨、梅山，乐东的抱伦农场、保国农场、乐光农场、黄流、利国，东方感城、华侨农场，昌江一带。由于台农芒果的价格稳定，所以在海南的种植面积大，规模也一直保持稳定。

四、红玉芒果

红玉芒果主要集中在昌江一带，海南地区的红玉芒果多套袋，每年4～6月份上市，基本被当作金煌芒果上市销售。红玉芒果在套袋后用药用肥较少，价格较稳定，但平均单果重没有金煌芒果高。在崖城有小面积种植，多数集中在昌江，总面积保持稳定。

五、象牙芒果

象牙芒果主要集中于三亚崖城一带，因产量高、风味清甜，比较赚钱。但近几年由于部分果农滥用调节剂和卖嫩果导致采收后催熟打点、烂果增多，商家受损、消费者体验变差，进而导致收购商减少、价格下滑。为了提高经济效益，很多果农将象牙芒果的枝条剪去，改接行情更好的金煌芒果。

六、澳芒、凤凰芒、桂七芒

澳芒在海南种植面积较小，原因是果实生长发育期长，中后期雨水较多，难以管理出高品质芒果。

凤凰芒和桂七芒属于小众品种，未来有一定的发展潜力。

第三章　反季节芒果生产基本信息

一、反季节芒果生产模式的概念

反季节芒果生产指在海南芒果生产过程中，通过外源措施，包括控梢、调花、催花等相关用药用肥技术，改变芒果树体和芽尖生长点生理，促使其从休眠态叶芽转化为花芽或混合芽，打破花芽正常生理周期，使其提早进入生理分化和形态分化，进而开花结果，使芒果的采收时间比正常时间提早2～3个月，提高种植经济效益的生产模式。

二、反季节芒果生产模式

反季节芒果生产是以提早上市、提高经济价值为目的的生产模式，是对芒果正常花期的一种调整措施。这种生产模式在芒果花果生理基础上，打破了芒果的正常生理周期，是人类改变农业生产方式上的一种进步。反季节芒果生产模式有既定的市场需求，但受自然环境和市场规律的制约。反季节芒果生产模式是建立在人类改变果树自然生理的基础上的生产方式上的改进，因此其模式的界定与生产实践中的某些农事操作相关。由于前期的农事操作与其他果树无异，我们着重分析反季节芒果生产的差异性管理方面。

三、海南正造芒果和反季节芒果生产时间对比

海南正造芒果生产的流程及时间为采后修剪期（7～8月）→修剪后枝梢生长期（8～10月）→花芽分化期（11月至翌年2月）→开花期（12月至翌年3月）→果实发育期（翌年1～6月）→果实成熟期（翌年5～7月）。

反季节芒果生产的流程及时间为采后修剪期（3～6月）→修剪后枝梢生长期（4～8月）→花芽分化期（6～12月）→开花期（9月至翌年

2月)→果实发育期（11月至翌年5月)→果实成熟期（翌年2～5月)。

四、反季节芒果生产主要环节

1. 控梢

芒果控梢是在适宜的时期利用化学药剂处理芒果树体，在气候适宜的条件下，使芒果枝梢得以停长或者延缓生长，促使树体积累足够的营养，促进生长点不断积累营养，发育饱满，促进花芽分化、果实发育和生殖生长。其主要作用为：①抑制树体内源激素赤霉素（赤霉酸，920）和生长素的合成。②提高内源激素脱落酸、乙烯、细胞分裂素的含量。破坏顶端优势，使得更多同化产物分配到根、叶、侧芽和花器中。③使植物体内束缚水、脯氨酸和可溶性糖含量提高，丙二醛含量降低，干扰植物体内甾醇类物质的合成，从而降低植物细胞膜透性，使植物抗旱能力、耐低温能力等抗逆性和抗病性提高。

2. 芒果调花

控梢过程中调节芒果树体营养，使其在各个营养器官中积累，此时树体处于休眠状态，按照激素平衡规律，需要在此期间改变激素水平的构成，使芒果从营养生长阶段转为生殖生长阶段。生长素、细胞分裂素、脱落酸、乙烯等是花芽分化传递信号和发挥作用的物质，使植株体内细胞分裂素、脱落酸等信号物质浓度上升，从而达到提前打破顶芽休眠的目的，为芒果树体进行花芽分化和出花做准备，催花前2～3d可进行调控相结合处理，更有利于后期催花。

3. 芒果催花

调花用药处理后，芒果树体和芽点休眠被打破，开始进行花芽分化，转向生殖生长。顶芽和侧芽芽体开始进行细胞有丝分裂和器官形态分化，它们是生理活动最活跃的地方。芒果花芽是混合芽，需要在芽萌动前采取相应的技术措施，让叶原基转变成花原基，形成花芽，抽生花序。细胞分裂素是参与细胞分裂的必备信号物质之一，它促进细胞有丝分裂，促进芽的分化，打破休眠。磷钾营养、硼肥也可促进花芽分化，促进授粉受精，提高芒果坐果率。

反季节芒果生产与正造芒果生产最大的差异在于催花作业，催花是将生长点的芽的生长状态由休眠态迅速转化为分化态和出芽态，由叶原基转变成花原基的过程。反季节芒果早花催花，可将芒果的花期提早1～5个月，从而使芒果有机会提早上市，海南最早的芒果上市时间为当年春节前。

五、影响反季节芒果成花坐果的因素

1. 品种差异性

海南所有的芒果都可以进行反季节芒果生产，但各个品种花芽生理不同，所以催花难易程度不同。其中台农一号芒果比较容易开花，在比较顺利的情况下，可以在5d内完成生理分化和形态分化；金煌、红金龙催花对树体营养积累要求较高，一般要2周以上的时间才能完成生理分化和形态分化；有些品种成花过程缓慢，如红金龙早花成花一般需要进行调花作业，促使芽内生理由叶芽态转化为混合芽态。

2. 叶片老熟程度

由于反季节芒果催花时间要早于正常花果时间，若叶片干物质营养积累不够，便不能顺利完成催花。有关叶片发育的要求，可以从控梢时间和叶片形态变化两个方面鉴别：

① 控梢时间　控梢的目的是为了使营养积累在一蓬梢和二蓬梢。控梢时间的长短与出梢期的天气有关，同时叶片接受光照时间的长短与芒果催花成功正相关，光照时间越长，叶片内干物质积累越充足，对催花越有利。芒果反季节生产早花控梢至少需要3个月以上的时间，约2160h。

② 叶片形态　新叶生长时，叶片的角度向上（图3-1）。随着干物质的积累，叶片重量逐渐增加，对角叶片的夹角逐渐扩大，由开始的小于120°到大于180°，最终开始下垂或向后生长，从叶片形态上看，叶片发育进入到这个形态才能开展催花作业（图3-2）。

图3-1　枝条出梢态

图3-2　枝条成花态

3. 水分

反季节芒果催花阶段是否降雨及降雨强度都会影响芒果早花催花成效。从生理角度分析，雨水会刺激根系生长，并使之分泌大量的生长素、赤霉素和细胞分裂素，影响内源激素平衡，使芽尖生长点的分化生理处于叶芽态。而干旱环境则会刺激根系和树体产生乙烯和脱落酸，促使芽原基变为花芽或混合芽。

4. 温度和节气

反季节芒果催花受温度影响，由于白天光照强、温度高，夜间温度的变化是影响早花催花效果的根本因素。研究表明：昼夜温差较大，当夜间温度低于 26℃时，连续 5d 以上，有利于芒果花芽分化，此时催花成功率较高。

节气对反季节芒果催花也有一定影响，一般白露以后至立冬前为催早花的第一个黄金时期；第二个阶段为立冬后 5d，这段时间的催花多接近正造花。节气对出花的影响因素可归纳为：

① 温度　特别是昼夜温差影响早花催花。

② 水分　进入秋季，海南降雨减少，白露以后催花早晨有露水利于出花。

③ 物候期　立冬一般是出冬梢时期，此时催花容易冲梢。

5. 地点

一般反季节芒果早花催花的主要区域位于三亚、乐东一带，东方、昌江地区由于芒果摘果较晚，多选择正造花生产。主要原因在于三亚、乐东冬季温度较高，不会导致芒果遭受寒害；而东方、昌江位置偏北，受北方冷空气影响，容易发生寒害，芒果果皮较嫩，温度低于 10℃便会起红斑，严重的会引起大量落果。

6. 气候

对芒果产量影响较大的气候因素有以下几个：

（1）低温阴雨　及时的低温虽然能促进芒果花芽分化，但在开花后出现的低温阴雨天气却会造成落花、两性花授粉受精不良、花穗变黑、坐果率低。如三亚市 1999 年 12 月中旬至 2000 年 1 月中旬遇到了长时间的连续低温天气，40d 平均气温 18.2℃，最低气温 8.3℃，芒果树虽然开花很多，但是许多早花脱落严重，坐果率很低，减产很多。芒果在幼果期如遇低温阴雨天气，土壤水分过多，有利于炭疽病、白粉病发生、发展，造成落果。

（2）高温干旱　花芽分化期长期连续高温干旱会造成难以抽穗。例如，三亚市 2000 年 11 月至 2001 年 3 月长期连续高温干旱，使全市 40%左右的成龄芒果树不能开花，造成了减产。

（3）台风　海南是多台风登陆地区，台风不仅登陆次数多，而且季节长。每年登陆海南岛的台风有 8～9 次，最多可达 11 次。台风季节长，从 5～11 月，都有台风登陆的记载，其中以 8～9 月登陆次数最多、风力最大。台风多数从本岛东部、东北部和东南沿海一带登陆，然后进入北部湾，风力多在 7～12 级以上，对农业生产影响大，尤其对海南芒果反季节生产影响更大。正造生产的芒果 8～9 月正处于采果后修剪或第一蓬梢生长期，即使遭遇台风袭击，也不会受太大影响。但进行反季节生产的芒果树，此时则处于修剪后末次梢生长期或生产特早熟芒果的花芽分化期（控梢期—抽穗期)，台风容易将嫩梢打烂，影响开花结果。2013 年 11 月上旬台风“海燕”以 14 级超强风力登陆海南，将海南南部三亚、乐东一带处于花果期的芒果 90%摧毁，除了将果打落，多数正面遭遇台风的果园枝条被打断，很多树被连根拔起，影响了当年海南 50 万亩的芒果生产。

（4）暴雨　海南大部分地区雨量充沛，全岛平均降雨量为 1500～2000mm。但海南岛干湿季节明显，东部湿润，西部干旱，降雨中心在中部偏东的山区，年降雨量约 2000～2400mm，最高达 3000mm 左右；西南部沿海为干热区，降雨量较少，年降雨量约 1000～1200mm。由于降雨季节分配不均，干湿季节分明，容易造成部分地区干旱。旱季从 11 月至翌年 4 月，长达 6～7 个月，不少地区旱季总降雨量仅为 100～200mm，占全年总降雨量的 10%～20%。旱季长的年份达 8 个月，最长达 9 个月。夏秋两季是雨季，5～6 月为夏季季风雨降雨高峰期，7～10 月为台风雨降雨高峰期，2 个高峰期的降雨量达 1500mm 左右，占全年总降雨量的 70%～90%。雨量分配不均易形成连续暴雨，花期连续暴雨容易将花粉冲洗掉，使娇嫩的花受损害，导致大量落花。而且在大雨天，传粉的昆虫几乎不活动，不能有效进行授粉，坐果率极低。正值控梢期的芒果树则因连续暴雨无法喷施叶面控梢药而导致大量冲梢，造成催花失败，大部分果园芒果开花株率仅为 50%～60%。

（5）高温高湿　芒果早花花芽分化和出花需要适度的低温和干旱天

气，若调花、催花期间出现高温高湿气候，可能导致大量冲梢和催花失败。

（6）干热风　海南西南部，包括昌江、东方、乐东县西部，几乎每年都发生干热风天气，最早发生在2月，最晚发生在6月，平均每年12.8d，对农业生产危害较大。正造芒果的花期多在2～3月，干热风天气对其危害很大，花开满树，谢花后全是空枝，造成全园失收。2012年1月下旬至2月中旬，海南西部和南部连续干旱，温度持续偏高，易形成干热风天气，使这时期开花的芒果坐果率极低，大量花序谢花后均无果。

（7）低温寒害　海南芒果产区主要分布在南部和西南部，最低气温在1月，平均温度为20～22℃，一般不会遭遇寒害。但2008年初，一场席卷华南的冰雪灾害使海南遭遇罕见的持续低温，正在扬花的芒果因持续低温阴雨，几乎不坐果。

7. 果树生理代谢失调

部分施用多效唑催花的果园，由于催花配套栽培技术应用少、长期用药过量等原因，造成植株生理代谢失调，出现花穗较长、两性花形成比例不合理等不良现象，造成坐果率很低，生理落果较多。

8. 缺肥水

部分果园施肥少，果树营养不良，从而影响产量。特别是催花芒果，由于其营养生长期缩短，营养积累较少，缺肥对产量的影响更大。而且反季节芒果的开花结果期处于干旱的冬春季，若缺水，会严重影响芒果产量的提高。

第四章　反季节芒果种植管理技术

第一节　基础栽培

一、育苗管理

1. 苗床催芽

芒果收种后，要集中存放在阴凉潮湿处，勿让太阳暴晒，防止其失去生命力，发芽率降低。催芽前先剥壳取仁，放在砂床上进行催芽。据试验，剥壳催芽出苗率达96%以上，而且出苗快10～15d，催芽时要早晚各淋一次水，防止表土干裂。

2. 苗圃育苗

出芽后转移进入苗圃，苗圃应选择土壤肥沃、湿润、疏松、排水方便的砂壤或壤土，播种前每亩要施2000～2500kg农家肥。精细整地，泥土要细碎，起畦1m宽，然后将种芽均匀摆好，种芽间距离以30cm左右为宜，播后覆上一层薄土，盖草保温，播种畦四周要开好排水沟，预防暴雨渍涝。

3. 苗期管理

种芽移入苗圃后，要加强管理，保持土壤湿润，遇干旱天气要淋水抗旱，此时正值高温日照强的三伏天，出苗后枝叶较嫩，要搭棚遮阴，防止太阳曝晒。芒果苗在水分充足条件下，半年后茎粗达8～10cm可进行嫁接或移植。

4. 苗期病虫害防治

芒果幼苗主要病虫害有炭疽病、白粉病、叶疫病、钻心虫、果实蝇、天牛等，由于幼苗抵抗力较弱，要注意观察，当发现病虫为害，应及时施药防治，减少损失。

二、芒果苗栽培管理技术

1. 建设芒果苗圃

新植芒果时，果农朋友们通常在实生苗上嫁接接穗品种，然后在果园定植，通过嫁接既能够实现提早生产的目的，又保持了接穗品种的优良性状。培育良种壮苗是芒果高产、优质、高效栽培的前提，保障苗木品种的纯度和苗木质量对定植成活、植株生长、产品品质及经济效益有直接影响。芒果苗圃建设应选择靠近水源、避风且冷空气不易沉积的环境，土壤环境要求土层厚、有机质含量高，排水良好的壤土或是砂壤土，而黏性重、严重板结或土层浅薄、石砾多的土壤不宜选作苗圃地。常有低温的地区和容易沉积冷湿空气的洼地或是山谷，幼苗易受寒感病，也不宜作为苗圃地。苗圃地必须施用基肥（可混配有机肥、过磷酸钙和复合肥做基肥），将基肥撒施于畦床，深翻细耙，使土块细碎，并修成长 8～10m、宽 1～1.5m、高 20cm 的畦床，畦床之间要留 40cm 左右的空隙，以便于管理。此外，芒果苗木繁育床不宜长期连作，否则苗圃地力下降，病虫害严重，对芒果生长不利。应在收完一茬苗后，翻耕暴晒、杀灭病菌，并补充基肥和微生物菌剂，使土壤恢复健康生态后才能继续用于育苗作业。

2. 提高繁育实生苗用的芒果种子的发芽率

由于芒果种胚发育需要适度的湿度，外界环境干燥会导致发芽率迅速降低。因此，芒果种子不耐贮放、堆积，更不能在阳光下暴晒晒干。用于育种的果实应果形端正、果肉饱满、种胚发育良好。芒果果实采摘黄熟后，应及时将种子取出，洗去果肉，晾干或在太阳光下晒 3～4h（切勿在强光下晒的时间过长），即可播种。种子存放时间长也会导致发芽率降低，室内试验结果表明：种子从果实中取出后放置 5d，发芽率会降低至 80%；放置 7d，发芽率会降低至 50%。如果需要长途运输的种子，最好采用鲜果运输（到目的地后才除去果肉），鲜果经过长途运输，待果实黄熟后及时将种子从果肉中取出，剥壳催芽，条件适宜的情况下其种子的发芽率仍在 90%以上。也可用湿椰糠、细砂或炭粉等贮藏种子的方法进行长途运输。芒果种子在湿木炭中贮藏 100d 左右，仍具有较高的发芽率。若想种子快速发芽，须将种子剥去纤维质的皮和膜质层，用 0.1%高锰酸钾液浸泡消毒 1min 后，取出晾干即可播种。

3. 芒果种子剥壳和催芽

晾干后的种子可直接用砂床催芽，但剥壳后再催芽效果更好。芒果种子外木质硬壳妨碍种子发芽，若直接用带壳种子播种发芽率低，且伸出的种苗形态弯曲、畸形的比例较大。经对比试验发现：剥壳催芽的效果比未剥壳的好，发芽率在90％以上，而未剥壳的芒果种子发芽率仅40％～60％。剥壳后的种子，由于无种壳的限制，主根和茎轴直，苗木生长旺。同时，通过剥壳也可筛选、剔除变坏和不能发芽的种子，以提高发芽率。剥壳后的种子可先放在砂床上催芽，然后再移入苗床，也可将剥壳后的种子按15cm×20cm的规格直接播于大田苗床。

（1）*砂床准备* 砂床可设在树荫下等较凉的地方或上面盖有遮阳网。砂床一般高约10～20cm，宽约80～100cm。大田育苗时，可在田间苗圃的苗床上加盖约10cm厚的细砂作催芽床，并在苗床上方50cm处加盖遮光度为60％～70％的遮光网作临时荫棚。

（2）*剥壳* 用枝剪夹住种蒂靠近腹肩部分，沿着种子缝合线向下扭转，种壳便会裂开，再将另一侧的种壳剥开，便可取出种仁，注意不能伤到种仁。取出种仁并用800～1000倍的多菌灵或甲基硫菌灵进行杀菌处理，待种子晾干水分后即可播种。

（3）*催芽* 将种仁按种脐向下，一个一个地紧挨排列在砂床上，再用细砂覆盖，厚度以高于种子1～2cm为宜。然后充分喷湿砂床，以后每天喷水1～2次，保持砂床湿润。然后将苗圃盖膜遮阴保湿，可3～5d淋水1次，以不干燥为宜。

4. 芒果苗的分床和移植

经过催芽处理，一般10d左右种子开始生根发芽，15～18d时达到出芽盛期，25d后幼苗基本出齐，幼苗刚长出时呈红色，叶片尚未展开即可分床移植，此时移苗的成活率最高。多胚型种子每个种胚可分出3～4株苗，大小苗应稍加分级，剔除弱苗，单胚型种子苗移植时间可以稍迟。移植规格为25cm×（15～20）cm，每亩可育苗8000～10000株。

移苗时，用牙签小心将小苗连同种仁取出后移入苗床。有些芒果品种多胚，1个种子可长出2株或更多的小苗，为增加苗数，并使苗木生长健壮，可将小苗连同所附的胚乳小心分株，分出的苗必须保持子叶和根系完整，如果子叶脱落则难以成活。移栽时根系要舒展，如主根过长，可以适当短截，但根长不宜小于10cm。覆土以齐苗根颈为好，同时应填入细碎、湿度80%的优质壤土覆盖并压实，使土壤与根系充分接触。为了提高苗木生长的整齐度和成活率，移苗时要分批进行；选择生长一致的苗移栽于同一苗床，弱苗、小苗应另床栽培。现各地较普遍使用营养袋育苗，此方法移植的成功率高，苗木生长较整齐一致，便于管理，并有利于苗木出圃和提高定植成活率。具体操作是：选用直径为22～24cm、高度为25～30cm的塑料育苗袋，装入营养土，营养土为2/3的土壤和1/3的腐熟的农家肥混合，然后将催芽后的幼苗移植到育苗袋中，管理方法与苗床管理基本一致。单胚种子也可将种子直接播于育苗袋中。

5. 嫁接换种

嫁接换种是利用原芒果树的强大根系吸收土壤中的营养物质供应接穗，有利于接穗的迅速生长。嫁接时间2～9月均可，但以2～4月最佳，这段时间空气湿润，中午光照不太强，植株蒸腾作用弱。而在夏秋季嫁接应注意防暴晒及保湿，冬季则应注意保温保湿。嫁接时将原芒果树距地面50～60cm处锯断，视树桩大小用嫁接刀在树桩上劈2～4个开口，将良种接穗嫁接于开口处。大树可等树桩长出新枝后，选取2～4条粗壮的枝条进行嫁接。嫁接时一定要将嫁接口包扎好，以免受感染。高接换种的芒果一般次年即可开花，但最好不要让其挂果，到第二、三年挂果有利于树体恢复。

(1) 提高芒果嫁接成活率　当砧木培育到茎粗1～2.2cm时，便可以进行嫁接，此时嫁接成活率较高。砧木过大会造成苗床遮阴度大，影响嫁接成活率。影响芒果嫁接成活率的最主要气象因素是温度。据研究，当气温低于19.6℃时不宜嫁接，芒果枝接一般在气温高于20℃时嫁接成活率高；一年当中以2～4月嫁接最好，成活率通常在90%以上，6～8月次之，成活率可达87.5%。海南地区1～2月不宜嫁接，该时期低温、干旱，嫁接成活率低；3月份以后气候高温多雨，且忽干忽湿，苗木生长旺盛，嫁接伤口愈合快，但是高温骤雨易造成接穗感病死亡；3～11月嫁接成活率为92%～100%；12月嫁接成活率只有33.3%，而12月至翌年2月嫁接成活率极低。

(2) 影响芒果嫁接成活率的因素

① 砧木和接穗的亲和力　亲和力是指砧木和接穗嫁接后在芒果植株内部相互之间在组织结构、生理和遗传特性方面差异程度的大小，差异越大，则亲和力越弱，嫁接成活的可能性较小。亲和力是影响嫁接成活率的

主要因素。亲和力的强弱与芒果品种间亲缘关系的远近有关，亲缘关系越近，亲和力越强。一般用作砧木的芒果品种为本地土芒，长势旺盛，优良品种作接穗，亲和力强，嫁接成活率高。但若用扁桃嫁接芒果品种成活率低，就是因为扁桃与芒果为不同的种。

② 嫁接时期　嫁接成败和气温、土温及砧木与接穗细胞的活跃程度密切相关。春季嫁接过早，温度较低，砧木形成层刚刚开始活动，愈合组织增生慢，嫁接后不易愈合。芒果嫁接最适气温为25～30℃，此时形成层细胞正处于活跃阶段，嫁接后易成活。温度过高或过低都不利于芒果的嫁接。在海南地区，一般选择在2～4月进行嫁接，成活率能保证在85%，而在温度较高的5～11月，嫁接成活率则低于50%。

③ 嫁接技术　嫁接技术的优劣与接口切削的平滑程度和嫁接速度有关。如果削苗不平滑，砧木与接穗间隔膜形成较厚，不易突破，则影响愈合。嫁接速度快而熟练，可避免削面风干或氧化变色，结合处细胞活性高，易亲和，则嫁接成活率高。嫁接刀的锋利程度影响削面的平滑程度。嫁接前磨利嫁接刀，可以起到事半功倍的作用。另外，将接穗与砧木绑一起的塑料扎带如绑扎不紧、包不严，也影响着嫁接成活率。

④ 砧木和接穗的质量　接穗与砧木间形成愈合组织需要一定的养分，凡是接穗与砧木贮有较多养分的，嫁接后易成活。在生长期，砧木与接穗木质化程度较高，在一般的温度和湿度条件下易成活，因此嫁接宜选用生长充实、芽眼饱满的枝条作为接穗，在一条接穗上宜选用生长充实的上部枝段用于嫁接，这样不但成活率高，而且出芽也快，抽出的新芽也较粗壮。

(3) 采集和保存芒果接穗的方法　芒果接穗的采集很重要，生产上应从良种母本园采集接穗。若无母本园，也可从经过鉴定的确认是该品种的成年树上采集，母树必须是品种纯正、生长健壮的无病虫害的植株，从母本树上选择健壮、充实、芽眼饱满的1～2年生枝条作接穗。老龄树的枝条，受病虫害危害严重的枝条，正在开花、挂果或刚采果的枝条均不宜选作接穗。秋接以当年生春、夏梢为好，春夏接以头一年秋梢或当年停止生长的春梢为好。

接穗枝条采集后将叶片剪去，不能用手剥落叶片，以防剥伤叶芽。接穗应该按照品种包扎作记号，以防品种混乱。接穗采集后及时嫁接，成活率较高。如需3d远途运输可将枝条浸水处理后装入乙烯薄膜袋中，然后保湿装箱，在运输过程中要注意遮阴，避免高温和日晒，到达目的地后即开箱，用清水洗净枝条藏于阴凉、湿润干净细砂中备用。就地取用接穗，可提前1～2周将接穗上的叶片剪掉，待其叶柄脱落后、芽眼饱满时，再剪下嫁接，可提高嫁接成活率和提早抽梢。

6. 小苗种植

目前，许多果场都用本地芒作砧木培育优良种苗，果农可购买小苗进行种植，海南种植季节以3～6月为宜，雨季（4～6月）最佳。因芒果树体较大、生长较快，因此，株行距应以3m×4m为好，即每亩种植55株左右。植穴为1m×1m×1m，种植前先将20～30kg腐熟有机肥与底土充分混合放入穴内，再回填表土20～30cm厚。种植芒果后若天气干旱，半月内每3d淋水1次。

（1）*确定芒果种植密度*　芒果的种植密度依品种特性和栽培管理水平而定，土壤较肥沃、果农管理水平较高、气候有利于芒果生长或植株高大的品种，种植密度应稍大些，反之则应小一些。传统种植多采用疏植，株行距为6m×8m，亩植14株，植株高大，产出晚，不易实施树冠管理，产量低，不规则结果现象严重。近年来，芒果种植多以矮化密植栽培为主。芒果是喜温好阳的果树，合理密植可以充分利用阳光、空间和土地，能迅速提高叶面积指数，提升叶片光合效率，一般株行距为(3～3.5)m×(3～4)m，亩植48～74株。为了获得早期丰产，在种植时也可以有计划地增大密度，但在正常投产一定时间后，一般在结果后3～5年，树冠增大，枝条相互交叉，影响正常的挂果和管理，则需要适当移疏、间伐部分植株。

（2）*定植时间*　生产上多选择春植，一般为3～5月，此时气温逐渐回升，湿度较大，芒果易生根，成活率较高。裸根苗应在此时种植。其次是秋植，一般在10～11月，此时气温逐渐下降，但地温尚高，根系活动较强，苗木也易成活，此时宜选用两蓬叶以上的营养袋嫁接苗为好。但是夏天（6～9月）高温多雨，光照强烈，蒸发量大，一般种植裸根苗较难成活，可选用2次梢以上老熟的营养袋嫁接苗定植。

（3）*结果母枝培育*　芒果花穗大多数从上一年最后抽生的枝梢顶端或叶腋抽生。上一年生枝无论是一年抽1次梢的，如春梢、夏稍、秋梢；或是一年抽2次梢的，如春-夏梢、夏-秋梢；或是一年抽3次梢的，如春-夏-秋梢、春-秋-秋梢、夏-秋-秋梢，一般都能抽穗开花。但连续抽梢4次者，抽穗率低，应把最后1次抽生的梢（晚秋梢或冬梢）摘除，使留下的2～3蓬枝梢老熟，累积养分，利于来年抽穗开花。虽有调查结果表明：在夏、秋、冬梢与结实力相关分析中，夏梢的结实力最强，秋梢次之，冬梢最弱，但在我国大部分芒果种植区，除海南外，春夏梢抽生时期正值开花结果及果实发育期，因此，丰产树春夏梢抽得很少甚至不抽，次年的结果枝就靠秋梢。芒果栽培上无论哪一个品种都要重视调节生殖生长与营养生长的平衡，使开花结果的同时仍能抽梢。促发适时停长的秋梢或早冬梢是培养优良结果母枝的关键。丰产树因为结果太多、负重多而下垂，采果后就应及时结合施肥给以适当的修剪，促使抽发健壮秋梢。

第二节　芒果树势管理

树势管理在果树管理当中起着非常重要的作用。培养健壮、平衡、稳定的树势是果园管理的核心内容。把握树势，犹如找到果园管理的钥匙，整形修剪、花芽分化、花果管理、病虫害防治、施肥浇水等方面的问题都会迎刃而解。

一、树势的分类

常见树势分为以下几类，对于不同的树势，采用不同的调节措施；芒果树势的管理应采用综合调节措施，而不单用某一种方法。

1. 衰弱树

营养生长和积累都差的一类树，主要表现为：生长量很小，几乎不发新梢。由于营养积累差，难以形成花芽，枝条不充实，剪上去发绵，芽子瘦小。这类树树势非常弱，营养生长和积累都差，常由于过度负载，病虫害发生，土壤、根系问题，自然灾害，过度环剥，机械损伤等原因造成，果树表现上主要有：①营养生长很少，几乎不发新梢。②伤口愈合缓慢或几乎不愈合，出现流胶。③有些枝条干枯。④果树枝条开裂。⑤叶片小、发黄、变薄，光合能力差。⑥往往大量成花，坐果率低。

这类树的处理办法：①加强肥水，注意基肥与追肥相结合、地下施肥与叶面追肥相结合、施肥与浇水相结合。②回缩重剪，重新培养结果枝组。③去除负载，将形成的花全部疏除。④注意根系、叶片、枝干的养护，避免台风、乙烯利、多效唑危害，以及各种病虫害的发生。

2. 虚弱树

虚弱树生长势差、营养积累一般，树势比衰弱树好，但还没有达到壮树标准。这类树具有衰弱树的部分特征，表现为：①新梢较少且短，出梢不整齐，有的很难抽出。②出花早，花序较多，但坐果率低。③修剪后有效枝条不能抽发新芽，逐渐干枯。④树皮开裂。⑤枝脆易断。⑥叶片颜色浅，叶片薄。⑦果个小，果面不好，着色差。

这类树的处理办法：①加强肥水管理，方法同衰弱树。②合理负载。③对部分枝条可进行回缩复壮，对一些枝条可进行更新。④注意病虫害综合防治。

3. 壮树

生长势中庸、营养积累高。具有品种固有的特征，枝条粗壮，节间短，叶片油绿、覆盖率高，出花整齐，果个均匀，正常膨大，单果重。

这类树的处理办法：壮树为理想树势。要做的工作就是尽量维持，莫让树势变弱或变旺，合理留果，按需供应肥水，做好叶果保护工作，对于局部势力不平衡的适当加以调整，调整枝条的角度和方位以改善光照。这类树如果进行密闭园改造，注意方法上控促结合，改造莫要打破平衡，维持树势平衡稳定。

4. 虚树

生长势中庸、营养积累差。这类树最常见的是大小年结果的大年树，主要由于超量挂果，大量的矿物质营养和光合营养用于果实生长，果树自身营养积累很少，形成小年，从而形成大小年交替现象。主要表现为：新梢生长势中等，叶片较小、发黄、变薄、无光泽，果子较小，造成下年出梢不齐、出花不齐。

这类树的处理办法是：合理负载，疏除过多的果实，尽可能地增加果树树体营养积累，加强肥水管理，增施磷钾肥，改善光照。

5. 虚旺树

生长势强、营养积累差。这类树一般是由于光照不良、过度浇水、过多施入氮肥等原因造成，主要表现为：枝条纤细而不充实，节间较长，难出花。新梢较多而细，枝条贪长而营养积累差，有些枝条叶片较少、叶色较浅。有人将之总结为顺口溜：内细外细长短细，上下枝条都软气，晚长晚停不抗逆，出梢时间不整齐。各种措施想分化，出花整齐不容易，花开满树空欢喜，谢花空秆果无几。

这类树的处理办法：①从改善光照入手，通过去枝、拉枝或密闭园改造，引光入内膛。②综合运用修枝、重剪、轻剪多种修剪措施，防止旺长，增加营养积累，稳定成花。③适当控制浇水，增施磷钾肥。④做好病虫害防治工作，注意防冻。

6. 旺树

生长势强、营养积累一般。旺树多是由于过度短截、强回缩等不合理的修剪措施，大肥大水，修剪不科学，主枝夹角太小，留果量太少等原因造成。主要表现为树体冒条较多，抽生的春、夏、秋梢较长，枝条硬度大，营养生长强于生殖生长，花芽难以形成，坐果率低。

这类树的处理办法：①控制肥水，减少氮肥的使用量。②适当疏除过密旺枝。③开张主枝角度。④去大枝时造伤。⑤综合运用修枝，施用多效唑、乙烯利等措施，分散极性，促进花芽形成。⑥尽可能多留果，以果压冠。

7. 狂旺树

简单地说就是比旺树更旺的树，因为这类树在各果区大量存在，处理方法上与旺树有所不同，所以在此单独列出。狂旺树主要表现为：整个树大量冒条，一年生枝条有的能长 1m 以上，年生长量很大。全树无果，也不成花，枝条硬，叶片大。

这类树采用单一的措施很难控制生长，应综合运用各种措施：①严格控制肥水，全年可不施肥、不浇水。②有的情况下可采取断根、大量施用多效唑等手段。③拉开主枝角度，根据情况可采取负角度，枝条较粗大者可采用连三锯的办法。④综合运用修枝，施用多效唑、乙烯利等措施，分散极性，促进花芽形成。

8. 上强下弱树

这类树在各果区也比较常见，主枝角度不合理，多因错误的修剪等原因造成。主要表现为上部枝生长势强旺，冲梢较多，主枝较粗，枝条夹角较小，枝叶量较大，占据了大量光热资源，由于营养生长强旺，较难成花结果。下部枝条较弱，光照差，枝条细弱，病虫害滋生，极性失调，也很难成花。

这类树的处理办法主要是抑强扶弱，对上部枝条主要采取：疏除较密的直立枝，去掉过密的枝上大枝及枝头大枝，开张主枝角度。对于下部枝条主要采取：①对于过长的主枝及部分枝条可采取回缩复壮。②对于一些位置过低的主枝可直接去掉，注意斜锯留桩及时处理伤口。全树注意肥水管理和病虫害防治。

二、树势与生产的关系

1. 树势与树龄、品种的关系

果树一生要经历几个时期，不同的时期有不同的特点，不同时期树势特征不同。有经验的果农，在管理果树的时候，会根据果树树龄特性，把握树势及其发展趋向，采取相应的管理措施。

（1）幼树期　果树营养生长旺盛，营养积累一般或较差，树势表现为旺或虚旺，花而不实，这是规律，生产者要根据生产目标，要么快速扩大树冠，要么及时调整成花，不同的目标采取不同的措施，前提是把握此时的树势发展趋向。这时候的树势，在没有人为干预的情况下会逐渐趋于稳定，树势逐渐由强旺向中庸转变，花芽开始在枝条上分化，果树由单纯的营养生长转向营养生长和生殖生长同时进行，这是规律，是果树生长的大势，把握这个大势，是我们合理调节的基础。

（2）盛果期　树势特点是整体趋于平衡稳定，这个时期要做的工作就树势而言是做一些局部调整，防止因为突发因素造成树势大起大落。

（3）衰老期　树势特点是整体走向衰弱，这个时期要做的工作就是集中营养，采取修剪调节措施，促势、助势，加强肥水管理和病虫害防治，尽量延长结果年限。不同的树龄时期树势有不同的特点，反过来说，不同的树势水平能深刻地影响果树的寿命。一直保持健壮树势的果树寿命就长，树势虚旺或虚弱、大起大落、一会旺、一会弱，就会大大地影响果树寿命。这就是为什么有的树上百年了仍然枝繁叶茂，而有的树二十多年就已枯死。

2. 树势与肥水的关系

肥水管理是果树管理的基础和根本。不同的肥水管理深刻地影响着树势，并通过树势影响着果树生长发育的各个方面。所以说调整肥水是调整树势最根本的手段。但在实际生产当中，许多人并不在意这一点。在同一片园子，各个树的树势是各不相同的，这就要求我们在施肥浇水过程中分别对待，即所谓的“依势定法，按需供给”。在果树所需的矿物质营养当中，各元素的作用是不一样的，有些元素有利于果树营养生长，有些元素则有利于果树营养积累，所以我们要根据果树树势不同而有所侧重，在施用量上有所把握，浇水也一样。研究表明，大量的水能促使果树旺长而不利于营养积累，在保障正常供给的前提下，适当地控制浇水，反而有利于成花。

3. 树势与抵御病虫害及自然灾害的关系

培养健壮的树势对于抵御病虫害及自然灾害至关重要，也是预防病虫害及自然灾害的根本措施。树跟人一样，生活中我们看到有些人一般不得病，即使有个小病小灾的扛几天就过去了；而有些人，一年四季药不断，小小的感冒也得住院。这就是体质的问题，在果树上就是树势的问题。树势强健，对各种病虫害及自然灾害都有抵抗能力，别的树发病它不发，别的树病重它的轻，甚至对于一些化学药剂无法防治的病害，诸如病毒病，也有很好的抵抗能力。对于一些冻害、冰雹灾害等，其他措施很难防御，而增强树势却能很好地抵御。

在果树生产中，我们常常看到这样的情况，同样的病，用同样的药，有的树就能防得住，而有的树防了还复发，甚至最后死树。同样的流胶病，有些树会不断蔓延，而有些树却会逐步减少。所以，我们常常听专家讲病、虫、灾害防治，第一条就是增强树势。因为这是最为根本的办法，也是最为绿色环保的办法。

4. 树势与花芽分化的关系

花芽分化是一个非常复杂的过程，与多种因素有关，但宏观地讲，健壮、平衡、稳定的树势是形成花芽的前提，过去认为花芽分化必须具备激素平衡、营养物质充分积累等条件，而其中的激素水平也是通过影响营养物质积累来实现对花芽分化的影响的。所以，营养物质积累是关键。

要提高营养物质积累可以从两个方面着手：其一，保证足够的、全面的矿物质营养，这个可以通过施肥来实现，同时必须保证足够的叶片光合营养，这就要求树体结构合理并且有数量足够的、能保证足够时间的光照和良好的通风条件的叶片。简单地说，保证合理的树体结构和枝相分布是前提，然后新梢适度生长而产生大量的功能叶片是保障。其二，提高营养物质积累可从减少果树自身消耗来入手，也就是说，让枝条生长出足够的功能叶片后，适时停长，从而减少营养生长，减少养分消耗而增加积累。

影响花芽分化的主要因素是营养生长和营养积累，这正是树势的两个方面，所以说，树势无时无刻不在影响着花芽分化。前面我们谈到，保证健壮、平衡、稳定的树势是花芽分化的前提，这是因为花芽分化和人的十月怀胎一样，是一个漫长的过程，几乎贯穿果树整个生长季节，健壮的树势，保证了高营养积累，而平衡稳定则是保证了这一积累的健壮树势延续下去，使得在整个生长季节，果树的绝大部分芽都有足够的营养积累用于花芽分化。

5. 树势与果实着色、糖度的关系

贵妃、台芽、爱文、红象牙属于芒果转色品种，芒果转色受花青素和叶绿素含量的影响，树势强的树，果实叶绿素含量较高，在着色期，由于较高含量的叶绿素影响花青素的形成，即使形成花青素，但由于红色的花青素和绿色的叶绿素混合而使果面发污、不鲜艳、呈暗红色。果实的糖度和着色密切相关，越是中庸的树，结的高糖度的果实就越多；反之，树势过旺，果实着色差，含糖量降低，风味不佳。另外，树势强旺时，由于新梢大量生长，枝叶密度变大，通风透光不良，也直接影响果实着色和糖度。

三、树势与产量品质的关系

树势过弱或过旺都不利于结果。我们都知道，果实干物质绝大部分是由叶片光合作用形成的，所以要获得高产，就必须增加叶片数量、提高叶片功能。而当树势过弱时，新梢生长量很少，没有足够的叶片进行光合作用，果子也就长不好，有些甚至因为营养供应不上而出现大量的空秆和落果。抵御病虫害和自然灾害的能力降低，易造成减产或绝产。树势不平衡时，也不利于果树生产，树势不平衡主要表现为上强下弱、下强上弱、外强内弱、内强外弱和一边强一边弱等，所有这些树势不平衡的树，首先比较难以成花，过强部分和过弱部分光合效率都比较低，产量难以保证。树势对果实品质的影响是显而易见的，据研究表明，树势健壮中庸的树，结的果品质最好。

第三节　修剪

芒果树修剪是指通过整形和修剪使其具有良好的树体结构，树冠的骨干枝和各级分枝分布合理、均匀，通风透光良好，利于早结果及丰产、稳产。目前芒果生产上常采用自然圆头形树冠，结果树采果后回缩修剪，生长期修剪主要是抹芽、疏梢、短截。通过整形修剪能缩短芒果的非生长期，达到早结、丰产的目的；可调节生长与结果的矛盾，使各年产量较为均衡；可以矮化树形，便于管理。随着树体和树龄的不断增加，芒果开花结果部位不断升高，导致树体外密内稀，上密下稀，通风透光能力差，修剪可增加树冠的通风透光性，利于花芽分化和开花结果，调节果实发育与枝条生长的矛盾，提高果实品质。综合利用修剪方法在促进幼树多发枝、改变枝条生长方向、调整主从关系、培养适宜的树形、促进幼树早结果方面也具有十分重要的作用。修剪亦可减少越冬的虫量，促进枝条提早抽梢，错开害虫羽化的高峰期从而达到控制芒果叶瘿蚊危害的目的。

一、修剪原则

1. 上重下轻

芒果有在树冠下部和中部结果较稳、较多的特点，所以对果树中下部要轻剪，尽量多留枝条，让其抽发新梢，为来年的产量提供保障。芒果采收后，树冠上部抽发的枝条应重剪，以控制株高和增强树体透光性。

2. 内重外轻

海南芒果靠夏梢的顶芽开花结果，多数果实挂在树冠表层，仅有少量在内膛枝上结果，极少数是茎花结果（树龄较大时易出现）。因此，对树冠表层要轻剪，保证结果枝数量；对内膛枝要重剪，保证树体通风透光。

3. 依据芒果品种

树势较旺、枝条较多品种，疏去部分外围枝和顶部枝，使内部通风透光；中等势品种，只能适度修剪；对弱势品种则轻剪。对一些在第一蓬枝尚未成熟前第二蓬梢生长的品种，只宜采用重修剪后促整齐发梢，待新梢长至20cm左右时，喷多效唑来抑梢促果，补充修剪两次：第一次在生理落果后，剪截未着果的过强枝，疏去过弱枝、挡光枝，使果都能见到阳光；第二次在果实发育中后期，疏除病虫枝、伤枝、过强过弱枝和密生枝及位置不适当枝条。

不同芒果品种的三种树形的修剪策略：第一种树形主干直立，分枝较高，主枝多而直生性强，植株高大，结果较迟，自然生长形成椭圆形树冠，树高＞树冠，如象牙芒。在苗高60～80cm时截顶，使其在40～60cm处长出3～5条分布均匀、长势整齐、健壮的枝条作为主枝。并配合人工牵引、短截等措施控制枝条直立性和长度，拉大枝条与主干或基枝所成的角度，使枝条斜向外伸展，迫使其形成丰产的圆头形树冠。第二种树形主干粗短，分枝粗壮，枝条展开，自然生长即可形成圆头形树冠，树高约等于树冠，如吕宋芒、椰香芒等。这种树形的修剪目的主要是促使骨干枝分配合理、长势平衡，尤其是其中某些长而易下垂的圆头形树冠。第三种树形植株矮小，树冠较大，分枝低、主干粗，分枝与主干的夹角大，自然生长成扁球形树冠，树高<树冠，如秋芒。这种树形亦可培养明显的中央领导干，在80～100cm处培养两个长势均匀的扇形枝，至150～160cm处再培养第二层扇形枝的层性树冠，使之立体结果（图4-1）。

图4-1　芒果树修剪后

二、修剪要求

修剪要求：①内膛亮而不空荡。通过顶部和内部的重剪，使内膛亮起来，但不能完全去除内膛枝条。要适当保留健壮的内膛新发枝，这种枝条可在内膛结果，但要注意使保留的枝条不能扰乱其他枝条。②面齐而有层次。外部轻剪保持了树冠原貌，秋梢抽发后，树冠整齐。但要注意让树体有层次，各层之间要有明显的距离，以免影响下层枝叶采光，也给结果后的枝条下坠留下余地。

三、具体操作步骤

1. 幼树修剪

幼龄芒果树的整形修剪，其目的在于使芒果的树冠具有良好的树体结构，主干枝和各分枝分布均匀，通风透光性好，形成早结、丰产的树形。而幼龄芒果树的整形修剪关键在于定干整形，定干的高低与品种、树形等条件有关。一般而言，对于象牙、金煌等树形高而直的，截干可稍矮些，而对于台农等树形矮、主干短的，截干可稍高些。幼龄芒果树的整形要依树而定，抑上促下，内空外密，疏密均匀。就修剪方法而言，宜采用轻剪，以便促生长，加快分枝，尽快扩大树冠。根据整形的需要，在整个生长季节均可实行各种修剪，修剪以抹芽、摘心、轻短剪为主。抹芽的目的是使果树枝条分布均匀，培育健壮的结果枝。抹芽的原则是：去强除弱留中等，即将生长旺盛和生长较细弱的枝条抹掉。

幼苗种后长至50～60cm高时就修整（摘心）。抽出侧芽后，在不同方向选留2～3条健壮、无病虫害的枝条作为一级主枝，一级主枝老熟后从30～40cm处剪断，选留侧枝。当树高150cm时又进行一次打顶促进二级分枝的发育，同样保留3～4条二级骨干枝，密集芽可培养为结果枝，树成年后及时将树冠回缩，以利于挂果、采果。以后以此类推选留主枝至结果为止。通过对芒果枝梢生物学特性的调查研究得出，树冠结构以主枝数为9～13枝的紧凑型树冠为好。幼树整形自定植成活即应开始。一般把果树培育成自然主干的各种树形，这样既不影响树体生长发展，也不阻碍品种个性的发挥。

芒果一般从种植到结果需要3～4年时间，每年至少修剪2次。第1次在抽梢3次转绿时进行，剪除重叠枝及荫蔽枝，特别是嫁接部位低的修剪宜重些，应剪除下垂枝及长势较差的多余枝，使树冠呈圆锥形生长。第2次冬季修剪，剪除所有的病虫枝、细弱枝、下垂枝、荫蔽枝，剪除的枝叶集中烧毁。在苗移栽第2年后要修剪3次或3次以上，春夏季、秋季和冬季各修剪1次。生长期轻剪，幼树宜轻剪，大树嫁接3年后可重剪。

近几年的新植果园，一般都朝着密植的方向发展，每亩种植密度达到60～80株，很多果园在定植后第三年刚开始试产就封行了，枝叶密集，树冠内通风透光差，不利于叶片的光合作用和病虫害的防治。而结果多的树，不修剪就很难恢复树势、恢复生长。初投产的幼树，整形已基本完成，但仍需年年修剪维持树形，因此对结果树修剪的意义就更加重大。

2. 挂果树的修剪

按扁圆头形的树形进行修剪。芒果树随树龄增大，树体逐渐增高，树冠也逐渐扩大，抽发新梢和开花结果部位也随着上升、外移，树冠中、下部枝条的芽成为隐芽而潜伏，造成树冠上密下空、外密内疏，通风透光不良，营养运输距离拉长从而影响产量与质量。因此在芒果栽培中应注重修剪，以促进枝梢抽生，扩大叶面积，使枝条数与叶面积指数维持最佳值。修剪时控制树高在 3m 以下，行间距离 1m 以上，株间距离 0.5m 以上，利于树体通风透光，减少病虫滋生。

整形修剪后树冠要达到：①上稀下密、外稀内密，才能通风透光，增大结果面，减少病虫害，提高果品品质；②大枝稀，小枝密，小枝长叶长果，大枝起疏导支持及储存营养的作用。

采用“每年一小修，三年一大修”的修剪模式。小修年份，在采果后，只疏除枯枝、病虫枝、过密枝、无结果能力的荫弱枝、徒长枝及生长位置不当的枝条，适当短截结果枝 0.5～1.5 蓬梢，促进新一轮的结果母枝抽生。大修年份，主要对过高的直立枝、行间或株间已严重交叉的枝条进行重回缩。同一果园、同一品种、同一批次采收的树最好同时修剪，且 10 天内修剪完毕，以保证抽生整齐一致，便于梢期管理。

3. 修剪过程的注意事项

① 及时控冬梢，冬梢消耗养分且影响秋梢的花芽分化，应在萌发 2～3cm 时剪除。

② 注意修剪强度，控制树冠枝叶量，采取以疏剪为主、缩剪为辅并适当压顶的修剪方法。

③ 可适当应用生长抑制剂处理技术，缩短枝条长度，增加枝梢粗度，减少枝条叶片数，提高开花率，为芒果的早结、丰产创造条件。

④ 芒果树属耐修剪的果树，修剪的强度依品种、树龄、树势、种植密度、管理水平等的不同而异。对于树冠扩展慢、长势中等、初结果的树修剪宜轻；而对于长势壮旺、树冠扩展快、种植密度大的树修剪宜重。但总的来说，一般修剪量控制在树冠枝叶量的 1/3～1/2。

4. 结果树采果后修剪和花果期修剪

结果树的修剪时期包括采果后修剪和花果期修剪。海南芒果大部分品种都在 3～6 月采收，而花芽分化期在 8～10 月，在这一段时期内，要保证抽出 2～3 次新梢作为次年的结果母枝，而二蓬梢从抽发到老熟需 90～150，如在采收后不及时修剪，就会影响到新梢的萌发和末次梢的老熟。因此，采果后的修剪应该在 5 月底以前完成；6 月成熟的，采果后的修剪应该在 7 月底以前完成。

（1）采果后修剪　大部分芒果品种在3月至6月上旬采收，采果后一般要培养2～3批夏梢。从修剪结束到初次发梢约需1个月左右，这样修剪反应的初次梢发出后，要及时控制营养生长，促进花芽分化，才能达到既不影响树形改造，又能提高当年产量的目标，同时促发的夏梢留作下一造形成结果母枝，为下一年的丰产打好基础。经采果后修剪抽出的春夏梢，根据空间位置保留1～3条，其余的抹去，留下的枝梢长至18～20cm时短截，促发第二次抽梢。以此方法，末次梢留取长18～20cm、中等粗壮的枝条作为结果母枝，其余的抹去。

修剪方法以短截结果母枝为主，并适当剪除过密枝、过多主枝，调整树冠永久性骨干枝的数量和着生角度，使其分布均匀，回缩冠间和冠内的交叉枝，剪去重叠枝、下垂枝、错乱枝和病虫枝。对于在小年或结果不多的过旺树，在结果初期疏去部分枝条、削弱营养生长、增加树冠的通风透光，可起到防止落果的作用，还可减轻采果后的修剪量。此次修剪前后要结合施重肥，让根系迅速吸收养分以供枝叶生长和养分积累。

树龄在10年以内的结果树，采果后的修剪（图4-2）不宜过重，但树龄在10年以上的结果树树体高大、枝条错乱，不仅影响果园的通风透光，也给管理带来许多不便。对芒果树产量起决定作用的不是树冠的大小，而是结果母枝的多少。试验结果表明：将老树主干截至1.5m高，逐步培养一级分枝至四级分枝，头1～2年是培养枝条阶段，第3年经培养的结果母枝达到60条，第4年经过回缩修剪后结果母枝调整到120条，这样既方便了管理，又能保持产量的稳定，并且品质、外观都有所改善。在培养

图4-2　采果后修剪

结果母枝期间每株可土施多效唑以促进花芽分化。

(2) 底肥　施底肥一般在摘果后的修剪前后开展，施底肥的目的是促进芒果修枝后出梢整齐、健壮，以方便后期控梢、催花。若不施底肥或底肥质量较差，则树势将逐渐衰退，出梢不齐，叶片老熟程度不均等，将影响控梢和后期早花催花规划。不同芒果品种，对底肥需求的程度和用量有所差异。贵妃芒果催花挂果对树势要求高，若树势太差，如枝条、叶片稀疏，则出花难、出花不齐，甚至不能正常出花挂果。金煌芒果要求枝条、叶片数量多，叶片长度够长。近年来在南田金煌产区，叶片短小、稀疏的果树往往果个小，果重不足300g，即便大量使用调节剂也很难拉长增重，商品性差，卖价低。

有机肥施用方法，在枝梢滴水线位置，挖深20～50cm、长50～100cm施肥沟。20cm深施肥沟，通常是人工挖坑，需要一年挖一次；50cm深沟多是用机械如小型挖机开挖，挖一个坑可以用两年。在施肥量方面，金煌需肥最多、贵妃次之、台农最少。施肥种类包括有机肥、复合肥、过磷酸钙，过磷酸钙常和有机肥一起堆沤，发酵腐熟后埋施；复合肥一般以控释型为主。有机肥的选购是多数果农的难题，主要原因在于有机肥市场鱼龙混杂，劣质产品太多。

(3) 花果期修剪　为了保持芒果结果树良好的光照条件，修剪是必不可少的管理措施。科学合理的中果期修剪，才能培养出克服大小年差异、保证丰产稳产、具有优良结果性能的优良树形。主要措施是抹芽、疏梢、短截、疏花、疏果。海南芒果挂果树每年主要在芒果花期、幼果期和果实膨大期修剪。

芒果花期和幼果期主要剪除弱枝、病虫枝、枯枝、树冠上部的重叠枝，疏除多余的花穗、幼果，达到树冠亮而不空、上稀下密的修剪要求，促进立体挂果。果实膨大期应剪除辅养枝的弱枝、病虫枝及重叠荫蔽枝，剪除影响果实采光的枝叶，保证幼果正常生长。

在集中抽穗前将过早及零星抽出的花穗剪除，诱发侧芽重新抽生花穗。待70%的枝梢抽发花穗才有较高的管理价值。芒果花穗大、花量多，在抽穗初期要摘除过多花穗。抽穗量以在末级枝梢中有70%抽穗开花为度。过长花穗还应疏除部分末端小花枝，疏除量可达全花穗1/3～1/2的花量。幼果也不宜留得太多，每穗保留1～3个发育较好的幼果即可。冬季修剪自花序伸长开始至采前1个月，疏去内膛枝、交叉枝、弱枝及过密枝上的花序；冬梢长3～5cm时全部摘除，疏去树冠中、上部遮挡果实光照的无果枝。

在开花不足的小年，秋冬梢大量抽发旺长，新梢对养分抢夺剧烈，导致花序抽生纤弱，坐果率不高。因此，对开花量不足50%的树视情况疏枝抹芽，以保证足够的营养促使花序正常抽生。冬梢抽生期正值果实迅速生长发育期，为避免养分争夺，在冬梢萌发约3～5cm时全部抹去，直至果实生长后期停止。

四、芒果树修剪中其他注意事项

① 修剪宜从内部到外部，从大枝到小枝，避免剪后树冠外围局部空缺大。具体修剪时先剪去过密、过多主枝或辅养枝，调整树冠永久性骨干枝的数量和着生角度，使其分布均匀；然后剪除下垂枝、交叉重叠枝、病虫枝等；再按照树形的要求对长枝进行短截；最后处理外围结果少的枝条。

② 修剪用的剪刀要锋利，小枝用枝剪，大枝用锯子，切忌用手拉、用刀乱砍。

③ 剪口务求平滑且不残留枝桩，以免枝桩枯烂后引起病虫的入侵。

④ 成年芒果树高大枝疏、木质软脆，修剪时应注意安全。

⑤ 可适当应用生长抑制剂处理技术，缩短枝条长度，增加枝梢粗度，减少枝条叶片数，提高开花率，为芒果早结丰产创造条件。

五、芒果高接换冠，改良品种

这是改种低产芒果园的一项重要措施。对种植的品种不适宜当地的环境条件（以气候、土壤条件为主），连年歉收或少收的芒果园，其果树可通过高位截干让其长出新梢后再嫁接经过多年试种、适于当地栽培、高产、稳产、抗逆性强、品质优、市场竞争力强、效益高的优良品种，以取代原来的劣种。

1. 嫁接方法

嫁接一般采用微膜全密封短枝嫁接法，选用与砧木嫁接部位粗细相当，长约6～8cm，具有两个或两个以上芽，芽眼饱满，无病虫害，未抽新芽的枝条作接穗。在接穗最下端2～3cm处下刀，削成楔形，削口平整，削面长2～3cm。接位在截干砧木枝条的10～15cm高处剪断，削平嫁接平面，纵切2～3cm。将接穗插入切口，至少一边形成层与砧木形成层对齐。

接口处用1.5～3.0cm宽的聚乙烯薄膜条绑紧，接穗用微膜条螺旋缠绕包扎密封。嫁接时刀要锋利且洁净、接速快、嫁接口要密封紧实，包扎接穗的薄膜也要密封严紧，膜内不要残留空气，以免高温和雨水使接穗灼伤或霉烂，影响成活率。此外，应选择晴好天气进行嫁接，雨天一般不进行嫁接。

2. 及时解绑和除萌

嫁接后10～15d，接穗开始萌芽，应及时解除包扎接穗的微膜条，促进新芽的正常生长；在嫁接后的30～45d，当接穗和砧木充分愈合后，也应及时解除嫁接口的聚乙烯薄膜条。由于成年树截干后，树体营养较充足，砧桩和砧木上易萌发新芽，应及时用快刀将萌蘖除去，以保证嫁接枝条的生长，此项工作要经常进行，直到砧桩和砧木不再萌发新芽为止。

3. 病虫害防治

嫁接成活后，萌发的新梢易受芒果切叶象甲、芒果叶瘿蚊、白粉病、炭疽病等病虫的危害，应及时进行防治。可采用15%粉锈宁600～800倍液、50%多菌灵600～800倍液、75%百菌清600～800倍液等杀菌剂防治病害；用10%吡虫啉2000～3000倍液、3%啶虫脒1000～2000倍液、0.5%溴氰菊酯2000倍液等杀虫剂防治虫害。

4. 整形修剪

嫁接后的1～2个月，重点是培养通透性良好的圆头形树冠，每个新梢上保留3～4个芽，待芽长至30cm以上时进行短截，促进侧芽萌生，迅速形成树冠。同时疏除多余的预留枝、内膛枝、过密枝，控制树冠形状和高度。修剪过程中要注意初发幼枝的开张角度，使枝条间相互错开，防止风害。

当树冠初步形成、枝梢发育较好时，修剪要注意层次分明，原则上宜细不宜粗，以疏除大小枝为主。如主枝过多或过高，应疏除位置不当的主枝和回缩中心主枝，降低树冠高度，以促使侧枝生长，使其逐渐形成圆头形树冠。培养成形的树冠高度应控制在4m左右，冠幅3.5m×4m。

第四节　控梢

芒果控梢是在适宜时期利用化学药剂处理芒果树体，在气候适宜的条件下，使芒果枝梢得以及时停长或者延缓生长，促使树体积累足够的营养，促进花芽饱满，有利于花芽分化、果实发育等。化学控梢通过激素药物的使用，改变芒果树体内激素和代谢平衡，其作用机理为抑制植物体内内源激素赤霉素和生长素的合成；提高内源激素脱落酸、乙烯、细胞分裂素的含量；破坏顶端优势，使得更多同化产物分配到根、叶、侧芽和花器中。使植物体内束缚水、脯氨酸和可溶性糖含量增加，丙二醛含量降低，干扰植物体内甾醇类物质合成，从而降低植物细胞膜透性，使植物抗旱能力、耐低温能力等抗逆性和抗病性提高。

一、控梢药的选择

多效唑、乙烯利、青鲜素、烯效唑、甲哌鎓、矮壮素、丁酰肼。

多效唑、甲哌鎓、矮壮素的特性：

（1）相同点　三者都是调节剂中的植物生长延缓剂，低毒，可经由叶片、幼枝、芽、根系和种子进入植株体内，能控制徒长，使芒果枝条节间缩短、粗壮，根系发达，同时使芒果叶色加深、叶片加厚、叶绿素含量增多、光合作用增强，从而提高芒果坐果率，提高产量，提高芒果抗旱、抗寒、抗盐碱能力。

（2）不同点

① 多效唑作用强烈，矮壮素和甲哌鎓药效温和。

② 多效唑、矮壮素使用时期和用量有所差异。

总的来说，矮壮素、多效唑、甲哌鎓在芒果上应用比较安全，水肥条件好，控梢效果才会更加显著。

多效唑是一种生物活性很高的植物生长调节剂。能调节植物营养生长，促进植物生殖生长。目前国内外已在多种果树上进行试验，有些已推广应用。韦方卜（2011）在海南省东方市探贡芒果场进行大面积推广应用多效唑控花技术研究，品种包括白象牙、台农一号、吕宋芒和秋芒，研究发现：①施用多效唑处理芒果后，有效控制了芒果果树的梢长并抑制了其顶端优势，比较明显地缩短芒果营养生长时间，促进生殖生长。②施用多效唑可诱导常年不开花的芒果树开花结果，而且花序整齐一致，同时有效增加开花率，缩短花序长度。同时必须加强芒果田间水肥管理才能显著增产，否则将难以获得丰产或连续丰产。③施用多效唑后，可使芒果提早采收14～59d，同时处理后比对照增产164.1%，对芒果大小与品质无不良影响。④施用多效唑有利于芒果进行反季节生产，提高了芒果的经济效益和社会效益。

二、控梢时期

1. 土施多效唑控梢时期

三亚、陵水多在6～8月份控梢，保亭、乐东、东方、昌江多在7～8月份控梢。土埋多效唑控梢施用时期和方法为树体第二蓬梢发3～5cm开始，将多效唑兑成一定浓度溶液后，按树体情况定量施入。一般情况下，按每平方米树冠施入6～9g多效唑。在滴水线内或距离树头40～50cm处开对沟或环沟，浇湿后覆土。若天气干旱可适当浇水后再覆土。

2. 叶面控梢时期

在结果母枝末次梢叶片转绿后进行。将多效唑配成有效成分浓度为500～1000mg/kg的药液，直接均匀喷洒于叶片的正反面。所喷药液量以欲滴未滴为度。每隔7～10d喷一次。喷药后6h内遇雨应补喷。

① 前期　用药目标是控制兼带促老熟，控制切记要安全。适用药剂包括多效唑、甲哌鎓、矮壮素。叶片转绿未充分老熟时，单用多效唑浓度为200倍左右，第二次开始减少用量，一般使用浓度为300～500倍；单用矮壮素浓度为600～800倍；甲哌鎓（又名缩节胺）可抑制茎叶和侧枝生长，促进花芽分化，单用甲哌鎓水剂750～1000倍或98%甲哌鎓晶体3000～4000倍，间隔10d左右控梢一次。控梢1～2次后枝梢开始老熟。枝梢未充分老熟一般不加入乙烯利，否则易造成落叶。

② 中期　目标是控稳控死防冲梢，药剂多用效果好，适用药剂包括多效唑、青鲜素、乙烯利。此期为枝梢充分老熟时期。青鲜素属于植物生长抑制剂，可积累在顶芽中抑制顶芽生长，控梢天数在15d以上。故间歇15～20d控梢一次，催花期前一个月请勿用青鲜素。

③ 后期　原则是不温不火防冲梢，残留要少易催花。此期枝梢营养积累充足，控梢2～3次后进入调花期。叶面控梢以多效唑和乙烯利结合效果更好，乙烯利在高温高湿季节控制冲梢效果较好，但叶片未转绿时喷施乙烯利容易脱落，发生药害。

3. 控梢时间

多效唑控梢时间一般从7月初开始。在芒果树结果母枝第一蓬梢的末梢叶片充分老化至第二蓬梢刚抽出10～15cm时实施环沟土施，待第二蓬梢叶片淡绿后再进行叶喷。控梢后，如果气温较高或水分较多，植株可能还会萌发新梢。这说明控梢还未奏效，必须继续喷药控梢。枝梢完全被控制后，才能进行催花。

三、控梢药剂施用量及浓度

1. 土施控梢药剂施用量

土施控梢药剂的施用量因品种、树龄、树势及地力而异。针对品种而言，按树冠冠幅计算，容易开花的品种，如紫花芒每米树冠冠幅土施15%多效唑可湿性粉剂10 g；不易成花的品种，如椰香芒每米树冠冠幅土施15%多效唑可湿性粉剂15g；台农一号、金煌、红金龙等品种每米树冠冠幅土施15%多效唑可湿性粉剂12 g。树龄小、地力低、树势弱或前一年施后枝梢仍有短缩现象的应少施或不施。高接换种或更新复壮后，树冠比原树冠小的，以更新后的树冠为基础，计算出基础用药量，实际用药量则在基础用药量基础上，再酌情增加10%～20%。

至于多效唑的土壤施用方法，则是在芒果树根部埋多效唑，但用量要根据树体每年的变化而变化，不是一成不变，这需要多观察树体的情况来决定用量。一般情况下，如果是第一年挂果的小树，5～10g多效唑土埋就够了；如果是大树，1000g的用量也有。如果不进行根部埋多效唑，第一年不会发现什么，但在两年或者三年后，想进行反季节芒果生产时，则没办法去做，只能等芒果自然开花。

树体第二蓬梢3～5cm时开始施用，将多效唑兑成一定浓度溶液后，按树体情况定量施入。一般情况下，按每平方米树冠施入6～9g多效唑。在滴水线内或距离树头40～50cm处开对沟或环沟，浇湿后覆土。如果天气干旱可适当浇水后再覆土。

2. 叶面控梢药剂施用浓度

叶面喷施控梢药剂及其使用浓度为：多效唑有效成分浓度为500～1000mg/L（即15L或15kg水加15%多效唑可湿性粉剂50～100g），乙烯利有效成分浓度为200～250mg/kg（15kg水加40%乙烯利7～9mL），复合型控梢促花剂按其说明书使用。

应用实践：①叶面喷施，最好是在叶片转绿未充分老熟时，首次使用多效唑15%可湿性粉剂600倍液左右，第二次开始逐步加量，每次加量为225kg水加100g 15%可湿性粉剂多效唑，7～10d左右控梢一次。控梢1～2次后枝梢开始老熟。枝梢未充分老熟一般不加入乙烯利，否则易造成落叶。②在叶片转绿时，第一次控梢就单纯用多效唑，用量是1400g配

225kg 水，第二次控梢用药跟第一次基本一致，之后用量会适量减少。刚开始控梢时，正常情况是间隔 7d 控一次，但要考虑节气或者其他因素，在控稳之后，就可以 10d 左右控一次。③海南省西南部地区叶面喷施乙烯利控梢一般在喷洒多效唑 3 次、末级梢的叶片完全转绿以后进行，时间在 7 月底至 8 月初。台农一号芒果叶面喷施乙烯利的有效浓度以 160～400mg/L 为宜，即每喷雾器（容量 15L，下同）加 40%乙烯利 6～15mL。具体方法如下：先从每喷雾器用药量为 6mL 开始，每轮次喷药增加用药量 1～3mL。初始增幅以 1mL 为宜；喷洒 3 次以后增幅可适当加大到 2～3mL，但以 2mL 的增幅最为安全稳妥。同时还应观察喷药后 5～6d 叶片颜色浓绿程度、有无黄叶出现以及黄叶多少。一般来说，叶色浓绿且无黄叶出现，增幅可适当加大，叶色浅暗并有少量黄叶，表明增幅适度。喷洒 5～6 次后，每喷雾器用药量达到最高量 15mL。然后再逐渐递减用量，每轮次减幅 3mL 左右。约经过 2 次喷药，将用量减少到每喷雾器 9mL。此外，从控梢开始到每喷雾器用量达到 10mL 这段时间，每次喷药可在喷雾器中加入磷酸二氢钾等叶面肥，浓度为 0.2%～3%，以补充矿物质营养、促进枝梢老熟。其后每次喷药可在喷雾器中加入氨基酸等叶面肥，浓度为 0.1%左右，以补充有机营养，同时缓和药力，减轻落叶现象的发生。④控梢期间，每月喷洒矮壮素一次。具体方法为：在配制好的乙烯利溶液中加入 50%矮壮素 20mL，即有效浓度为 600～700mg/L，以诱导或促进花芽分化。

四、控梢药剂施用方法

1. 土施

未经高接换冠或更新复壮的树，以及经高接换冠或更新复壮后，树冠比原树冠大的树，在树冠滴水线内挖深、宽各 15cm 左右的环形沟，将多效唑兑水后淋于环沟内，施后覆土；经高接换冠或更新复壮后的树，树冠比原树冠小的，在原树冠滴水线内挖深、宽各 15cm 左右的环形沟施，方法同上。现在果农土施控梢药更为简单，将多效唑兑水后，直接淋在根区，也能起到不错的控梢效果。

2. 叶面喷施

将所用的药剂配成相应浓度后，均匀喷洒于叶片的正反面，所喷药液量以刚好滴水为度。间隔期及喷药次数视药效而定，一般以控梢期内不让新梢萌动、抽梢为宜。夏季天气高温高湿，芒果容易冲梢，有些果农 3d 即喷施一次控梢药；晴天雨水较少时 5～7d 或 7～10d 喷施一次。三亚、乐东一带果农喷药比较频繁，台农梢的平均节间长度 15～25cm；东方、昌江一带控梢喷药时间间隔较长，台农梢的平均节间长度在 25cm 以上。也有些芒果种植户在嫩梢转绿前使用多效唑和矮壮素一起控梢；转绿后，使用多效唑和乙烯利一起控梢，这样能够更好地达到控梢效果。

3. 土施与叶面喷施综合应用

在使用多效唑时，还要考虑芒果的种植环境、土壤、水分以及芒果的树势、树冠等因素，就像种植在沙地、黄土地、沙石地、高山、低洼地的芒果树，就算树体一样大，但药剂用量是不同的。

生产上一般土施与叶面喷施相结合，即在结果母枝末次梢伸长至 5cm 以上时进行土施控梢药控梢，待叶片转绿后进行叶面喷施控梢药控梢。

4. 多效唑过量施用危害

芒果主根粗大但侧根数量少，本身侧根生长就已经过于缓慢，根埋多效唑后，导致树体根系老化快，植株吸收水分、养分的能力减弱；与此同时，根系伸展不开，大量根群过于集中，不仅减弱根系渗透作用，也会抑制植株的生长；再者，多效唑在土壤中残留期较长，易被作物根系反复吸收，造成危害。不适当和超量地施用多效唑，长期累积使芒果出现了多效唑的药害：芒果新梢变短，树枝不能伸展，叶呈莲座状叶丛，叶片皱缩、畸形、弯曲下垂，抽出的花穗变短，花蕾成团，雄花居多，坐果率较低，同时易产生败育果（无籽小果，俗称“公果”）。严重削弱了树势，不但生长量小（失去结果基础），而且使树体病害发生严重（如角斑病、炭疽病、腐烂病等），大大缩短了结果年龄。

五、控梢期的管理

施多效唑少，控梢时间要长，促花难，出花就晚；施多效唑多，促花容易，出花较早，但施肥要多，特别是要多施氮肥，否则第二年会出现多效唑药害，伤害树体，造成第二年减产。如果氮肥过多又会难控梢，要多下药，一般是重药则要重肥，才能早产、高产。好的做法是要多施有机肥和磷钾肥，施多效唑要适量。经过以上措施，海南南部如陵水、三亚、乐东等地的芒果大部分在 10 月或 11 月份能整齐出花，有少数控梢早的芒果园能做到 9 月份出花。

1. 底肥

以有机肥、过磷酸钙和复合肥为主，台农芒果的底肥成本 10～20 元/株，金煌芒果的底肥成本 20 元/株以上。

2. 追肥

追肥以叶面喷施为主，磷酸二氢钾、氨基酸水溶肥、腐植酸水溶肥、有机水溶肥、元素类水溶肥都是常用的类型，主要目的是促进叶片发育和老熟，降低蓟马危害。

3. 防蓟马的危害

在海南反季节芒果生产中，梢期特别严重。在 2016 年，崖城平均一株芒果树梢期的蓟马防控成本在 7 元以上。高温干旱天气，3d 要喷两次药，才能防住蓟马危害。

特别要注意的是，控梢药施用后 30～50d，要注意防止冲梢。方法是：当发现个别枝梢开始萌芽时，叶面喷施控梢促花剂、多效唑、乙烯利等药剂控梢。药剂的施用浓度参照本节“三、控梢药剂施用量及浓度”所述，但多效唑一般不宜连续多次使用，否则会抑制过度，导致开花迟，花序极短，或不开花。乙烯利浓度过高则叶片发黄，甚至引起大量落叶。

六、施用多效唑控梢注意事项

控梢是反季节芒果生产的基础和前提，关系到反季节生产的成败。因此控梢要适时，用药要适量。以既达到控梢效果又不造成药害为用药原则。因此，在施用多效唑控梢过程中应注意以下问题：

① 不同芒果品种对多效唑的敏感度不同，因此要适当增减用药量。一般椰香、吕宋、白象牙、台农一号等比其他品种较耐多效唑，用药量可适当增加；其他对多效唑较敏感的品种如小青皮等不要超量或可适当减少药量。

② 生产管理水平和植株生长状况不同，因此要适当增减用药量。肥水充足，管理较好，枝梢生长过长、过粗、过旺的植株，用药量可适当增加；管理较差、植株生长较弱的不能超量或可适当减少药量。

③ 处理好施肥与施多效唑的关系。常年施用多效唑的植株，会对多效唑产生一定的抗逆性，用药量可适当增加，首次施用的不应超量。

④ 土壤类型不同，因此要适当增减用药量。一般红壤类的土壤保水

保肥性能较好，多效唑在土壤中的残留相对较多。而砂质类的土壤保水保肥性能较差，多效唑残留相对较少，因此砂质土壤用药量可适当增加，红壤类土壤不要超量或可适当减少药量。

⑤ 在实施环沟土施多效唑后，需进行叶面喷洒时，必须在母枝末梢叶片老化或转绿后才能进行。叶喷有效浓度 500～1000mg/L。同时，根据树体状况，可从低量到高量或从高量到低量逐次加入 5～8mL 乙烯利（约 130～210mg/L）。

⑥ 施药后要加强水肥管理和病虫害的防治。如果出现药害，要及时喷洒 10～20mg/L 赤霉素药液和增施肥料补救。

⑦ 芒果控梢正值雨季，水、热资源良好，尤其适合果树的营养生长。此时的降雨频次多、强度大、持续时间短，控梢应抢天时进行，时间间隔不应少于 7d。若有降雨应在雨后叶片干后进行突击控梢。倘因降水使控梢延迟，最多不宜超过 10d，以免贻误时机导致抽发新梢。若有新梢抽出，应使用相应浓度的乙烯利喷洒冒梢枝条进行杀梢或人工摘除，其后应对相应枝条点喷乙烯利，其有效浓度和上次控梢相同。

⑧ 由于植株个体发育不尽相同，开花不够整齐，控梢期间应因树制宜、点面结合。在做好每轮次控梢工作的同时，对于结果母枝粗壮、叶色浓绿的壮旺树，在施用乙烯利控梢 3 次以后，每次控梢结束以后可以用按相同浓度配制的药液酌情点喷，以促进抽花整齐、花期基本一致。

⑨ 施用乙烯利必须稳妥安全，不可随意增加药量。初始控梢应在叶面喷施多效唑 3 次且枝梢叶片转绿后使用，乙烯利用量的起点不宜过高。中期施用应以每喷雾器 15mL 为度，不宜超量，以免造成大量落叶，影响产量。后期施用浓度更不宜太高，以免杀死花芽，推迟花期。

⑩ 控梢至第二次生理落果这段时间不宜施入化学肥料，尤其是氮肥，因为控梢期间施用化学肥料一是会导致根部活动加剧，舒缓植物生长调节剂对枝梢的控制；二是消耗树体内已经积累的有机物质，两者均能造成顶芽的萌动甚至抽梢，从而导致花期延迟。而抽花到第二次生理落果这段时间施用化肥，则会加剧养分被同化吸收和开花结果需要有机营养和能量的矛盾甚至出现抽梢，进而影响坐果。

第五节　催花和花期管理

催花是控梢的后续工作，目的是通过使用植物生长调节剂促使芒果反季节开花。但是，催花要具备最基本的条件：①植株控梢已见成效；②结果母枝末梢叶片已经充分老化，枝梢营养生长已基本停止；③气候条件较为适宜。具备了这些基本条件，催花的效果就较好。

一、芒果成花理论研究进展

1. 植物激素对芒果花芽分化作用机理研究

植物激素赤霉素能抑制芒果树的花芽分化，脱落酸、细胞分裂素等则促进芒果树的花芽分化。研究表明在芒果花芽分化前和分化期，芽、叶片、木质部汁液中生长素、脱落酸、细胞分裂素及甾醇的含量都比未开花树的高，而茎尖和叶片中赤霉素的含量很低。芒果自身乙烯的产生由低温、寡照、干旱等逆境激发，生产中乙烯的使用主要在二蓬梢转绿老熟阶段和芒果催早花控梢防冲梢阶段，芒果正造生产催花作业很少用到乙烯，芽、叶片内的乙烯含量与开花时间没有相关性，喷乙烯利并没有成花反应。

2. 光合产物对花芽的影响

在成花诱导中，糖（碳）是一个非常关键的因子，花序发育过程中积累的淀粉和可溶性碳水化合物都可被利用。有关开花与淀粉积累、碳/氮比的相互关系也有大量的研究，结果表明成花前枝梢停止生长时叶片有淀粉的积累过程。反季节芒果催花成功与否与叶片形态有很大关系，前期嫩梢叶片向前方生长，对称轴两侧叶片夹角呈锐角，随着干物质的积累，夹角越来越大，超过180°向后生长，在形态上符合成功催花的条件，很多果农以此为能否催早花的参考标准。

二、芒果花芽分化的调控

1. 生长调节剂对花芽分化的影响

① 乙烯利　乙烯利进入植物体后，缓慢分解释放乙烯，对植物生长发育起调节作用，在芒果生产中多用作催花和催熟剂。对芒果树嫩梢喷施500～1000倍液乙烯利会导致严重落叶，但转绿老熟后施用能有效地诱导开花。在正常花期前1个月，喷1次2000倍液的乙烯利，可增加花穗数量，并能促进花穗抽生，增加产量。

② 多效唑　是目前广泛使用的一种低毒、残留期短、残留量少且效果较明显的植物生长调节剂。它能抑制植物体内赤霉素的生物合成，从而抑

制植物营养生长，同时促进其开花结果。

2. 硝酸盐对花芽分化的影响

硝酸盐可用于芒果催花，以硝酸钾最为常用。目前硝酸钾催花在中纬度及低纬度热带地区已经得到广泛应用。硝酸根是硝酸钾应用于芒果催花的有效成分，硝酸铵钙的有效性是硝酸钾的两倍。在低纬度热带地区，芒果枝条必须充分老熟才能对硝酸钾催花产生开花响应。当芒果末次梢未充分老熟，喷施硝酸钾抽生的为叶芽。研究认为枝条对硝酸盐产生响应必须至少为 6 月龄。在海南反季节芒果生产中，硝酸钾和硝酸铵钙能促进芒果成花。

3. 其他措施

① 控水　芒果树只要水分充足，一年即有春、夏、秋至冬梢的生长。因此，当第二次夏梢抽生后，就要开始控水，使土壤保持一定时间的干旱，才能控制营养生长。雨水多的年份，要及时排水。通过控水来调节营养生长和生殖生长。

② 适时修剪，尽早放梢　促使末次梢充分老熟，转变成生殖生长。芒果花芽分化是在枝梢生长缓慢和停止之后才发生的。枝梢的充分老熟能使其积累足够的营养物质，为花芽分化奠定物质基础。老熟梢上的叶片在花芽分化时能合成大量的成花刺激物，促进花芽分化。而幼嫩的枝梢养分积累少，体内含有较多的成花抑制物，因而无法成花。因此，芒果采收后要及时修剪，促使末次梢快速老熟。枝梢停止生长越早，花芽分化越早，花穗抽生率也就越高。

③ 环割　对营养生长旺盛的品种，在土施多效唑的基础上，在主干或主枝离地 1m 左右用刀环割一圈，深达木质部，能明显提高抽穗率。中国热带农业科学院南亚热带作物研究所 1999 年 11 月对营养生长旺盛的 10 年生粤西一号品种，每株土施 30g 商品量的多效唑，并在主干上划痕环割一圈，结果抽穗率比对照（只施不割）提高 50%。

4. 有利于芒果花芽分化的因素

芒果夏梢成熟至抽出花穗这段时间，为芒果的花芽分化期。芒果只有进行花芽分化，才会抽出花穗，否则就会抽出春梢，严重降低了芒果果实产量，影响生产效益。芒果的花芽分化分为生理分化期和形态分化期。

(1) 影响生理分化的因素

① 适度的低温　国外学者研究表明低温[19℃(白天)、13℃(夜间)]有利于晚熟芒果花芽分化，高温[31℃(白天)、25℃(夜间)]则有利于早熟芒果花芽分化。

② 适度的干旱　土壤适当干旱抑制根系吸收水肥，特别是会抑制对氮素的吸收，抑制生长素、赤霉素的合成，枝梢生长停滞，细胞液浓度提高，促进生长点进行花芽分化，水分过多或过于干旱均不利于生理分化。

③ 枝梢碳水化合物积累充足　叶片、枝梢老熟，树体通风透光，光照充足是良好碳水化合物积累的保证。

④ 树体激素平衡　生长素、赤霉素不利于花芽分化，乙烯、脱落酸、细胞分裂素有利于花芽分化。

(2) 影响形态分化的因素

① 温度　研究表明：花芽形态分化期气温在20～28℃为宜，温度过低不利于花芽萌动，温度过高则易冲梢或抽出带叶花穗。此外，花器官形成期温度过低，雄花比例高，温度25℃左右则有利于两性花形成。

② 充足的水分　土壤水分适度利于花穗及时萌动和花器官正常发育。

③ 平衡树体营养　氮过多营养生长过旺，氮缺乏则畸形花多，磷、钾有利于花芽形成，锌、硼有利于花器官发育。

三、催花

海南芒果在自然生长状况下，花期在11月至翌年1月，种植户为了提升经济效益，研发了早花催花技术，使芒果早花花期提早至8～10月。催花不应过早，也不宜过迟，而要以出花率和芒果反季节开花后不会受到严重气象灾害影响为目标。一般在9月上旬左右催花，促其10月底或11月初开花较为适宜。因为10月份后海南雨季已基本结束，气候趋于干旱；农历的寒露、霜降节气后，台风影响基本停止。而且10月底至11月上旬冬至前后，有可能出现对开花有利的低温，为开花提供了较为有利的气候条件。9～10月份催早花，如雨水过多或天气较热，有可能再抽新梢。可用采用每15kg水加乙烯利8～10mL，再加300倍多效唑控梢防止冲梢，喷洒叶片正反面，以药液要滴未滴为度，一般喷2～3次，3～7d喷1次。

当前，海南芒果生产无论反季节还是正造花期，都或多或少地存在催花行为。狭义的反季节芒果催花，是指通过叶面施用如硝酸钾、硝酸钙、硝酸铵钙、磷钾肥、硼肥、氨基酸（腐植酸/海藻酸）叶面肥、细胞分裂素、萘乙酸等多种外源物质，使芒果提早完成生理分化和形态分化的过程。

广义的反季节芒果催花包括控梢、调花、催花三个阶段。控梢包括根部施用多效唑和叶面施用多效唑、乙烯利两种手段。根部施用多效唑其作用是通过抑制根系生长，使根系分泌的生长素、赤霉素等调节物质减少，并通过茎干输导组织流向叶片和芽尖生长点，进而抑制末级梢继续营养生长和出梢，使叶片光合作用积累的碳水化合物储存在叶片；叶面控梢是根系控梢的辅助，多数在二蓬梢转绿老熟期喷施，通过阶段性的喷施，防止生长点出芽冲梢。控梢和催花之间有直接的因果效应关系，催花是控梢的延续和补充，催花并非芒果开花的必要步骤，只是控梢的延续和补充，它主要是利用植物生长调节剂来促进花芽的萌动和抽生。生产中如控梢得当，催花则水到渠成甚至无需催花。可利用植物生长调节剂来促进花芽的萌动和抽生，尤其是天气晴朗但气温较低，该抽穗而未抽时可用药剂催花。调花只针对一些难出花的品种或出花质量不高的果园，施用外源化学物质如磷钾肥、硼肥、中微量元素、有机营养、细胞分裂素、萘乙酸等，使生长点提早进入生理分化状态，避免因高剂量化学物质刺激导致的催花失败。调花作业不是每个果园都会采用的模式，一般调花的用药相对温和，对生长点影响不大，针对一些气候多变的新环境和树势不稳定的品种，是一种比较稳妥的操作模式。

1. 硝酸钾/硝酸铵钙/硝酸钙

芒果花芽分化和成花主要依靠 NO_3^- 的刺激作用，硝酸钾、硝酸铵钙、硝酸钙三种化学物质选择一种即可，但很多果农为了提高催花成功率，往往选择 1～2 种。首次催花用药含硝酸根化学物质浓度在 40 倍作用，5～10d 内随着生长点隆起，第二次补催浓度调整到 100 倍，第三次补催浓度调整到 300 倍。如果催花用药 3 次生长点都没有萌动，或出花率过低，基本可以判定本次催花失败，需要重新控梢和调花作业。高浓度的硝酸盐液体也不能持续使用，否则会导致叶片干尖，严重的单张叶片 1/3 的面积干枯，对已经萌动的花芽也会造成伤害（图 4-3、图 4-4）。因此，一般情况下，果农不会持续用最高浓度催花。

2. 细胞分裂素和萘乙酸

2%细胞分裂素使用浓度 750～1000 倍，5%萘乙酸使用浓度约 5000 倍。

图 4-3　金煌芒果硝酸钾烧叶（见彩图）

图 4-4　台农芒果硝酸钾烧叶（见彩图）

3. 叶面肥

高磷高钾叶面肥是芒果催花的必需品，当前市面上高磷高钾化学物质主要是磷酸二氢钾，包括粉剂和液体两种形态。高磷物质可以促进芒果枝条生长点生殖生长和花芽分化，一般使用浓度在1000～1500倍。早花催花作业，含有机质和中微量元素的叶面肥是必不可少的物质，使用浓度在750～2000倍。有机质营养能够为开花补充能量，使出花整齐、有力、花秆红润，花粒饱满；元素类叶面肥主要促进花器官的正常发育，如硼肥可以促进花粉管的萌发伸长和授粉受精。

4. 根部追肥

利用施肥来调节芒果的生长和发育是控梢、促花的重要手段之一。不合理的施肥会直接影响芒果开花的数量和质量，甚至影响坐果率和幼果的发育。如果施用氮肥过多，会造成早花早落。芒果植株缺磷则会影响其呼吸强度和造成碳水化合物的转移，从而抑制氮的吸收和转化。芒果植株缺钾则影响光合作用及新陈代谢的调节和抗逆性。而各种肥料之间又存在相互促进和相互抑制的作用。

芒果要达到年年开花、挂果的要求，采果后应施速效性肥料，以便恢复树势，促使新梢早发、健壮。施肥时，应根据树体前期挂果量、新梢长势等情况酌情确定施肥量，少量多次，施肥量以使树体能正常抽出两次梢为准。施肥后视土壤墒情及时淋水。然后在花前断根施重肥，一般在距主干50cm处开沟，结合施肥覆土，以利于树体花芽分化。

5. 预测气候，调节花期

根据气象资料分析，三亚市日均温度小于20℃的日期在12月19日至

26日以后出现，也就是说，12月27日至次年2月18日这段时间内，有可能出现不利于芒果开花的低温天气，影响开花授粉。10月至11月上旬气温高、降雨多，对开花授粉有一定影响，但在此时开花的芒果上市早、单价高。在正常年份，三亚市11月份日均温度为24℃，空气相对湿度为74%，月降水量为29.3mm，较利于开花授粉。

根据芒果开花授粉对气候的要求以及市场对芒果的需求，最好把三亚芒果的花期安排在11月中旬至下旬。如果芒果在12月中旬至次年2月中旬开花，要注意查看当地气象台发布的天气预报，如预测到不良气候和芒果开花期相遇或预测到芒果上市时市场价格不好，可用500mg/L（即15kg水加19mL药）40%乙烯利喷施叶面，可延迟花期20～30d。对过早抽出的花穗，可从基部抹除或从基部顶芽以下几个芽位处短剪，促进侧芽再分化花序。抹一次花穗可推迟花期30～45d。抹花穗次数要根据气温而定，气温高时，花穗抽得快，要多抹几次，以避开不良气候。

要想芒果在11月中旬至下旬开花，台农、金煌、红金龙等品种可在7月中旬第二蓬叶老化时混水土施多效唑。白象牙可在7月下旬混水施药。如果干施药，可适当提早。因为干施多效唑后，要等下雨药剂被溶解后才能发挥药效，这需要一定的时间。如果抽穗不结果可剪除花穗，并立即叶面喷施1%～2%硝酸钾或0.3%磷酸二氢钾催花，促使其再次开花结果。如预测到花芽分化和抽穗正遇上持续高温干旱天气，要适当增加催花药的叶面喷施用量，抽穗后有条件的要马上灌水。在盛花期如遇持续高温干旱天气，应每隔2～3d喷一次清水。

四、花期管理

芒果两性花中，雄蕊发育多畸形，授粉强度稍弱，管理不当大小年稍明显。因此，促花保果措施应做足，包括采果后及时对树体进行整形修枝、施足基肥，第二蓬梢老熟后可用激素进行控梢促花。

1. 花量调整及摘除早花

采用的方法是：每株留80%末级梢着生花序，其余的从基部去除整个花序，留下的花序以长度中等、花期相近且健壮为标准。另一种疏花方法就是剪去花序基部1/3～1/2的侧花枝。生产上可结合各种方法疏花。针对花量少的果园，可在花期叶片喷施含多肽、磷、钾、硼、锌等营养元素的叶面肥进行保花，一般喷2次，时间间隔7～10d。若芒果花期催花不齐，则在花序长度未超过 6cm 时就及时摘去，重新催花，以保证开花质量和整齐度。花穗抽出来以后，不能太长也不能太短，否则对果品都有影响：花穗太长，会造成后期芒果长得太小；花穗太短果实距离叶子太近，芒果长大以后，容易受叶片的遮挡。长花穗的处理办法：

① 人工处理　人工短截花穗，在花穗长 15～20cm 时剪顶或短截花穗，保持总花穗长 15～20cm。

② 药物处理　在花穗抽长至 5cm 左右时，用 200～250mg/kg 的多效唑喷花穗。

2. 利用植物激素调节花量及花质

在嫩梢长度不超过 5cm 时马上喷施 0.08%～0.1%多效唑和 0.03%～0.035%乙烯利，在低温的配合下可使冲梢停止生长，嫩叶卷曲脱落，顶芽、侧芽转为花芽。在芽休眠期用 200mg/L 赤霉酸处理，可阻止花芽的形成，这在花量过多、花期过早的情况下使用，具有一定的实际意义。可采用疏花的方法提高花质，因为疏花可降低畸形花的发生率，保证花序的正常生长。另外采果后的中度修剪，使得再抽新梢不会消耗太多的养分，也不会降低该年度内树体总的养分贮藏水平，进而可以提高花芽分化的质量以及两性花的比例，从而提高果实的产量和商品性。若正值芒果开花期遇到干旱天气，为保证花的质量，在果园内浅灌水或喷水，可改善果园环境，增加湿润性，利于芒果的授粉受精。

3.“花带叶”现象的处理

在催花过程中，如果气温较高，再加上水分较足，植株有可能还会抽新梢，也可能出现“花带叶”的现象。对此，若是单纯的新梢，应人工摘除，或用 100～300mg/kg 乙烯利药液杀梢，然后再按前述方法继续喷药催花。芒果早花花序抽生后迅速生长时期，一般在 9～10 月份，如果遇上连续的高温高湿天气，芒果花上的叶片不但不会自然脱落，反而会迅速生长，形成冲梢，俗称“花带叶”。

由于树体养分充足，加上持续的高温高湿气候，叶片的生长速度较快，从而影响了花器官发育的激素平衡，促使小花逐渐脱落或回缩被吸收掉，完全变为枝梢，严重影响植株的开花、挂果和产量。所以，出现“花带叶”的情况，要及时处理。如果是在 8 月，可以直接采取摘花的措施，摘掉花序，使其再生，但是到了 11～12 月，再采取摘花措施，花序再生能力较弱，且树体营养消耗较多，影响后期产量品质。所以，可根据实际情况摘掉小叶：是“花带叶”的，如果小叶呈紫红色，应人工摘除小叶，仅留小花；如果小叶呈白色且弯曲，随着气温变低和小花的发育，小叶会自行脱落。

摘除小叶有两种方法：第一种就是人工摘除。芒果早花由于天气高温高湿，常有“花带叶”的现象，待小叶长至5～10cm时，人工用剪刀把小叶带柄剪除。如果芒果开花后抽出的花穗普遍带有大量小叶，这种情况必须用药物进行杀叶处理。第二种方法是采用药剂处理。喷施乙烯利可有效地去除小叶，促进花序的生长。施用量为每桶水（约15kg）加入浓度为40%的乙烯利4～5mL，可脱掉花穗上的小叶，每隔3～5d喷1次，连续喷施2次。一定注意在这个浓度范围内施用，过多过少都会产生不良影响，过少杀小叶效果不好，过多则容易灼伤花序。气温低时用量可多些，气温高时用量可少些。

4. 施促花肥和壮花肥

（1）促花肥　芒果从花芽分化至现蕾期以施磷钾肥为主，而且增施磷钾肥对两性花的形成有促进作用。海南芒果的正常花芽分化一般在12月至翌年1月，实施化学药物催花的花芽分化可提早到9～11月。因此，9月可施促花肥，根部以磷钾肥为主。

（2）壮花肥　芒果催花时已经消耗了大量的养分，花期营养供应不足会直接影响坐果率和保果率，合理施用肥料，对花穗的生长发育和分化有极大的影响。要提高坐果率，必须解决好壮花肥的施用问题。现蕾时，及时根施足够的肥料，每株施高钾复合肥1.5～2.0kg。花穗抽出时，及时进行根外追肥，3～5d喷洒一次氨基酸和硼肥800～1000倍液，使花穗在盛花期保持更长时间授粉的活力，促进两性花授粉受精，提升坐果率。

5. 饲养授粉昆虫促进授粉受精和坐果

反季节芒果种植区花期低温阴雨天气较多，而芒果开花的适宜温度为20～30℃，低温（15℃以下）使花粉粒不能萌发，不利于芒果的授粉受精，而且芒果授粉昆虫在低温时的活动大为减少，芒果的授粉主要靠蝇类，占采粉昆虫的80%以上。因此，为配合芒果的花期授粉受精和坐果，可在芒果抽穗时开始饲养蝇类。芒果自抽穗至小花开放需要14～20d，饲养蝇类自产卵到成虫也需要14～20d，所以在芒果开始抽穗时饲养蝇类，待成虫后正逢小花开放，便可获得最佳的授粉效果。饲养方法可在果园里放置猪内脏或是臭鱼，或是用塑料袋吊挂在芒果树上，洒些清水，引诱蝇类产卵。蝇类中以丽蝇为主，因其活动范围较小，宜每棵树饲养一处。

第六节　疏果、保果

正常年份芒果坐果率较高，每穗花坐果数可达 20～30 个、挂果数达 5～10 个，应进行人工疏果（喷施 920 和拉长膨大剂），每穗花只保留 1～2 个果，以确保果实大小和品质，提高果实商品价值。芒果从开花至果实成熟需 100～150d，整个果实发育期有两个明显的生理落果期：第一次是开花后 15d 内，由于授粉受精不良、病虫害、病菌侵染、内源激素失衡引起的落果；第二次是开花后 45～60d，小果发育约花生至橄榄大小时因营养供应不足、内源激素失衡导致的落果。经历 2 次落果后，果实转入迅速膨大期，此时也会引起第三次落果，这是因为此时树体经大量开花结果消耗过多养分、果较多或因抽梢造成养分竞争，从而导致落果。因此，可通过喷施化学药剂、摘除夏梢、增施肥料等方法调节树体养分，减少落果，达到保果的目的。

一、叶面保果肥

芒果谢花后，根系受多效唑抑制及开花、养分消耗、土壤水分影响，活动较弱，吸收速度慢，土壤施肥难以迅速供应到果实中，必须进行根外追肥，及时补充幼果发育所需营养，这是提高坐果率的一种有效方法。依赖激素进行保果效果往往大打折扣，还需配合叶面追肥等措施。生产上在抽花到第二次生理落果结束这段时间配合激素保果，在叶面喷施海藻提取物、氨基酸、核苷酸和多肽、有机营养和磷酸二氢钾等保果肥并保持轮换施用，常会取得理想的效果。谢花后每 5～7d 叶面喷施有机螯合钙 750～1500 倍液＋氨基酸水溶肥/有机水溶肥 1000～2000 倍液。待幼果长至直径约 1cm 时，每 5～7d 喷洒 1 次有机螯合钙 750～1500 倍液＋氨基酸水溶肥/有机水溶肥 1000～2000 倍液；待幼果长至直径约 2cm 后，每 7～10d 喷洒 1 次有机螯合钙 750～1500 倍液＋氨基酸水溶肥/有机水溶肥 1000～2000 倍液。

二、根部灌水追肥

结果树灌水应掌握在以下两个时期：第一个时期是在剪枝施肥后、土壤干旱时灌水；第二个时期是果实发育期灌水。芒果在花芽分化和抽穗前适宜干旱的气候，但在抽穗后和结果期正遇上干旱的冬春季节，需要适量灌水，因此有灌水条件的在此期每10～15d应灌水一次，能显著增产30%左右。但是在小果（豌豆大小）期过分大量灌水或浸水会引起落果。特别要指出的是，果实发育期就饱灌水或积水会造成大量落果，只有适量适时灌水才能获得增产。在芒果采收前30d，应停止灌溉，保持土壤干旱，以提高果实的甜度、耐贮性，提高果实的品质。

灌溉方法和灌水量要根据果园里果树的情况而定，一般采用施肥沟灌溉的方法，因为在施肥处芒果根系较多，这样吸收水分更快更好，提高水分利用率。灌溉水量以保持土壤湿润为宜。

幼果长至直径约2.5 cm后，果实进入膨大期，此时根部必须补充养分，以水肥为主，因为水肥易被根系迅速吸收。每株树冲施高钾水溶肥1～2kg+腐植酸水溶肥50～100mL，水量在25～50kg/株，保持土壤湿润则效果最佳。

三、施用生长调节剂保果

当幼果绿豆大以后，每7～10d用4%的赤霉素10～20mL兑水15kg喷施，共2～3次，可促进幼果生长，防止裂果。喷施硼肥、钙肥也有防裂果的作用。因为芒果膨大时需要内源和外源激素，而嫁接芒果由于种子败育造成内源激素缺乏，施用赤霉素、生长素、细胞分裂素等外源激素可促使内源激素产生。

第七节 套袋

海南属于亚热带季风气候，水、热资源丰富，雨热同季，由于水、热资源丰富，也带来了很多的病虫害，给芒果生产带来较大的危害，每年因病虫为害所造成的产量损失占水果总产量的30%以上，如稍不注意病虫的防治，有的甚至造成失收。虽用药物防治可保住部分产量，但用药量和次数太多，又增加了农药的残留量。目前解决这个矛盾的最好办法就是进行套袋培育。第二次落果结束后果实生长发育到鸡蛋大小时，根据不同品种选择不同型号、不同颜色的芒果专用果实袋进行套袋护果。如贵妃、爱文等红皮品种宜用白色专用袋，台农、金煌芒、红玉等黄皮品种用外黄内黑双层专用果袋。应喷防虫、防病药剂防护后再进行套袋。

一、芒果套袋的作用

1. 生长期套袋对果实品质和贮藏特性的影响

生长期套袋在果实周围形成了微域环境，从而会对果实的生长发育和品质的形成产生特定的影响。因为套袋能改善果实着色，并防止果实遭受外部伤害，避免农药直接污染果实表面，减少果实表面果点、锈斑，增加果实着色度和果面光洁度，从而有效地改善了果实外观，提高了商品价值。套袋减少了病虫对果实的危害，明显降低病虫果率。套袋果实较不套袋果实耐贮藏，套袋延长了果品贮藏期，保持了果实品质，减少了果实贮藏期间烂果率。

2. 套袋对果实外观品质的影响

套袋可改善果实外观品质，套袋果实表面光洁度提高，果皮较为光滑、洁净，果点少、小。套袋对果实色泽的形成和转变具有重要的影响，能显著提高果实的着色度。一般果实套袋后，果皮中花青苷、类黄酮、酚类物质、叶绿素的合成作用被明显抑制，摘袋后这些物质又迅速合成和积累。几天之内，花青苷、类黄酮、酚类物质的含量达到高峰，达到或超过不套袋果实果皮中的含量。摘袋后叶绿素含量也逐渐增加，但比不套袋果实果皮中的含量低，果实色泽因而比较鲜艳。

3. 套袋对果实贮藏品质的影响

生长期果实套袋，虽然能改善果实外观品质，却使果实的内在品质有不同程度的下降。套袋改变了果实生长的光、热、湿等微环境，影响了果实内糖分的积累和转化，使可溶性固形物含量和含糖量有所降低。套袋处理中，袋内温度高于冠内气温，从而导致套袋果实温度和呼吸强度高于不套袋果实，可溶性固形物含量和含糖量低于不套袋果实，果实风味可能变淡。生长期套袋能提高果实的硬度，增强果实的耐贮性，延长果实的贮藏期。一般在谢花后 35d 左右进行套袋。

4. 套袋对果实贮藏生理的影响

套袋不影响果实大小、重量、成熟度以及果肉中氮、磷、钾、钙和镁等矿物质的含量。套袋处理对果实的失重率和果皮的水汽透过性能没有明显的影响。

5. 套袋对果实贮藏病害的影响

生长期套袋减少了果实贮藏病害的发生，降低烂果率。芒果套袋减少了炭疽病和梗端腐烂的发生。

① 防止病菌的感染、传播以及昆虫等侵害果实。芒果在树上挂果的时间有 2～4 个月左右，果实生长后期需要重点防治细菌性黑斑病、炭疽病、蛀果虫类（橘小实蝇、瘿蚊等）、扁喙叶蝉、果肉象甲、果核象甲、吸果夜蛾等，套袋以后就能很好地进行防治。

② 防止空气有害物质及酸雨污染果实。

③ 防止强光照条件下紫外线灼伤果实表皮。

④ 减少果实与其他物质相互摩擦损伤果面。

⑤ 减少喷药（农药）次数，避免农药与果实接触，降低农药残留量，生产符合无公害、绿色食品标准的优质芒果。

⑥ 为生育期的果实营造优良环境，改善着色，增加果皮蜡质，提高果面的光洁度及光泽。

⑦ 增加单果重，提高商品率和单位面积产量。

⑧ 经济效益显著　由于套袋水果外观美、肉质好、安全、卫生，可达到无公害、绿色食品标准，售价比不套袋果实高出 30％以上，甚至高出几倍，经济效益、生态效益、社会效益显著，果农增收，消费者吃得放心。以金煌芒为例，套袋和不套袋的果实价格相差在一倍以上，最大相差五倍，收益差异是比较显著的。海南昌江推广的红玉芒，产量高，果型大，抗病高产，粗生易管，但果实水分多，风味一般。最大缺点是果实完熟后果皮青绿色，不转黄，被果农称为“水芒”，售价较低。后来经销商建议套双层黑纸袋，果实品质大为提高，外观金黄色，果形好，极耐贮运，深受市场的欢迎，售价大幅提高，红玉芒在海南昌江得到迅速推广，一项好的生产措施救活了一个品种。

芒果套袋是当今生产无公害食品、绿色食品、有机食品的有效技术措施，是一项利国利民的实用技术，农业部（现已改组）于 2000 年开始就把水果套袋技术列入重点推广技术之一。

二、芒果套袋介绍

芒果套袋一般用纸袋，也有一些用薄膜袋，但薄膜袋透气性差，海南天气炎热，用薄膜袋套芒果，易使果实被灼伤，失去商品性。因此，芒果套袋一般选用纸袋。

总的来讲，纸袋分为单层纸袋和双层纸袋：①单层纸袋又可以根据颜色来划分，可以是白色，也可以是黄色等；②双层纸袋有复合双层纸袋和单色双层纸袋。

按质量划分，目前海南芒果套袋出现的纸袋有两类：①用进口纸生产的纸袋；②选用国产优质纸生产的纸袋。

芒果套袋材料的选择，一是看质量，二是看品种。黄战威（2004）通过田间试验检验不同材质套袋对金煌芒果品质的影响发现：采用外黄内黑双层纸袋对金煌芒进行套袋效果最好，能够改善金煌芒果的外观和品质；白色单层芒果纸袋和外黄内黑单层复合纸袋虽然也能提高金煌芒果果实好果率，但转色不理想，外观欠佳。

（1）套袋果的质量与纸袋的质量有很密切的关系

① 果袋质量太差，经不起风吹、日晒、雨打，容易破损、硬化，造成裂果、日灼、着色不匀或果面粗糙。

② 果袋质量差，不具有预防害虫入袋的功能，造成害虫大量繁殖为害。

③ 质量差的果袋易积水，使袋内湿度高，果面会出现水锈甚至烂果，失去商品性。

④ 由于纸袋制作的工艺简单，设备也不贵，所以生产纸袋的厂家非常多，不合格的产品也很多，存在透光性不好、防水性不好、规格大小不一等问题。因此，在选用时，一定要使用经有关技术部门鉴定，申请通过国家专利或注册的合格产品。优质纸袋应该具有不破碎、不变形，有一定的透隙度和透光光谱范围，并且有防病虫、日灼和降湿等特点。

（2）不同品种要用不同材料和规格的专用袋

① 金煌芒用外黄内黑双层专用袋，规格为36cm×22cm。

② 贵妃用外黄内黑或外黄内红双层专用袋，规格为22cm×18cm，27cm×18cm。

三、芒果套袋的时间

① 芒果套袋一般在谢花后35～45d、第二次生理落果结束时进行（鸡蛋大小）。套袋时间过早，由于果柄幼嫩，易受损伤而影响以后果实的生长，同时由于果实太小，不易确定果实的形状是否端正，或因生理落果而

影响套袋的成功率。套袋过晚，果实过大，增加了套袋的难度，易将果实套落，同时也达不到预期的效果。

② 套袋应选在晴天进行。

四、芒果套袋的方法

1. 套袋前的准备

① 修剪　套袋前修剪，疏除病虫枝、交叉枝，使树冠通风透光，另行疏果，并剪去落果果梗。

② 喷药　套袋前喷药，可用嘧菌酯、苯醚甲环唑、甲基托布津（甲基硫菌灵）等杀菌剂喷施，果面干后套袋，要求喷药后三天内套完。

2. 套袋方法

① 套袋前先将整捆果袋放在潮湿处，让它们返潮，使之变得柔韧，以便于使用。

② 选正常果进行套袋，套袋前先将套袋果实上杂物清除，套袋时先将纸袋撑开，并用手将底部打一下，使之膨胀起来，然后，用左手两指夹着果柄，右手拿着纸袋，将幼果套入袋内，袋口按顺序向中部折叠，最后弯折封口铁丝，将袋口绑紧于果柄的上部，使果实在袋内悬空，防止袋纸贴近果皮造成摩伤或日灼。

③ 绑袋口时一定要注意，不可把袋口绑成喇叭状，以免害虫入袋或过多的药液流入袋内污染果面。

④ 套袋时要防止幼果果柄发生机械损伤，要求果袋底部的漏水孔朝下，以免雨水注入袋内漏不出去沤坏果实或引起果实在袋内霉变。

⑤ 如果天气干旱，最好浇水后再套袋，以免发生日灼。

五、芒果套袋后的管理

芒果套袋后，虽然果实有纸袋的保护，但是叶片仍然面临着病虫的危害，而叶片是树体光合作用的重要器官，是果实营养的主要来源，因此树体的管理也不能放松。套袋结束后要做好病虫害的防治，但喷药的次数可以少些，主要是在下雨过后喷，同时要进行追肥或根外施肥，保证果实生长时需要的养分。

吊果和支撑护果：下垂的果穗用绳子吊起，或用竹竿打桩支撑，使之离地面 50cm 以上，防止被污染和病菌感染。

第八节　果实品质指标和提升方法

一、果形

果形指标：芒果果实采收前，应体现果实本身的形状，不畸形。海南芒果生产需要用大量的植物生长调节剂，使用植物生长调节剂泡果是一种较为普遍的现象，泡果过量或过迟，便影响果实正常发育，如药水沉积在底部会导致该部位发育畸形。因此，使用植物生长调节剂应以早期使用为主，本着适量、适度的原则用药，避免药水过量或沉积造成果实发育畸形。

二、单果重

反季节芒果商品果多以“公果”（即败育果）为主。因此，单果重不能与正常授粉受精的芒果相比。海南主栽芒果品种商品果标准为：台农的单果重约100～150g；贵妃单果重150～200g；金煌单果重300～500g。

三、皮色

果皮的色泽、细腻度、干净度是衡量芒果外在品质的重要标准之一。在果期主要通过用药和用肥预防细菌性角斑病、炭疽病、蓟马和补充叶面营养。在叶面用肥方面尽量不用无机矿物质营养肥料，含杂质较多、品质较差的肥料，以免导致果实粗皮和药物损伤。农药应避免乳油类杀虫剂，杀菌剂选用正规厂家产品。在红金龙果实发育中后期如果含锌类杀菌剂用量过大容易导致果皮返青，在果实发育后期使用嘧菌酯类药剂过量也容易抑制芒果成熟。

四、糖度

芒果糖度是反映其品质的重要指标之一，也是消费者购买芒果时主要关注内容之一。台农芒果的糖度应在20以上，贵妃芒果糖度在15以上，金煌芒果糖度在13以上，风味较佳。糖度高的芒果，其他指标一般不会太差。高品质的芒果一般树势较好，在果实膨大过程中使用调节剂不多。果实发育进入中后期，应从根系和叶面两个层面补充高钾营养，促进果实糖分合成、转化和积累。研究表明：芒果果实发育中后期叶面喷施有机钾营养 2 次以上可以显著提升果实饱满度和糖度。

芒果果实中各糖及总糖含量均呈先增加后下降的变化趋势，果实发育过程中以积累果糖为主，后熟过程中以积累蔗糖为主。金煌果实发育大多数阶段及后熟过程中，果糖、葡萄糖及总糖含量均高于其他品种。

五、果肉紧实度

果肉紧实度反映其组织结构状况和细胞间结合力的大小，是评价果实品质的重要指标。果肉软化、腐烂，常出现在一些大果型的芒果品种上，如金煌、凯特、澳芒等。海南大果型芒果品种以金煌为主，大果型品种管理不善对品质和售价的影响较大。导致这类问题出现的原因包括：①树势差，有效功能叶少，无法合成足够的碳水化合物营养供应果实发育；②调节剂使用过量，如正常只能发育到 300g 的果，运用调节剂果重增长至 400g 或 500g；③钙、钾等矿物质元素缺乏，钙、钾元素是果肉细胞细胞壁和细胞液的重要组成部分，矿物质元素缺乏使果肉细胞发育不正常，细胞壁薄，容易脱水，或糖分合成受阻。因此，要提升果肉紧实度应注重梢期树势的养护；果实发育期合理使用调节剂，特别是泡果应控制用药剂量和次数，进入果实发育中后期尽量不要泡果；小果膨大期随杀菌剂定期喷施含钙叶面肥 800～1000 倍液，3～5 次较佳；果实发育中后期注重补充有机钾营养，促进果实糖分合成。

第五章　芒果主要病虫害及综合防治技术

第一节　基本原则

贯彻“预防为主，综合防治”的植物保护方针，以改善果园生态环境、加强栽培管理为基础，综合应用各种防治措施，优先采用农业防治、生物防治和物理防治方法，配合使用高效、低毒、低残留量化学农药，禁用高毒、高残留的化学农药并改进用药技术，降低农药用量，将病虫害控制在经济阈值下，保证芒果质量符合 NY/T 492 规定。

一、农业防治

① 因地制宜选用抗病虫害或耐病虫害优良品种。

② 同一地块应种植单一品种，避免混栽不同成熟期品种。

③ 在果园建设和栽培管理过程中，采用种植防护林带、蜜源植物，行间间作或生草等手段，创造有利于果树生长和天敌生存而不利于病虫发生的生态系统，保持生物多样化和生态平衡。

④ 通过芒果抽梢期、花果期和采果后的修剪，去除交叉枝、过密枝，疏叶、花、果，并集中烧毁，减少传染源。

⑤ 冬季清洁田园，把枯枝、病虫枝、落叶等集中烧毁，减少传染源。

⑥ 加强栽培管理，提高植株抗病能力，适期放梢，促使每次梢整齐抽出，避开害虫发生高峰期，摘除零星抽发的嫩梢，有利于统一喷药防治。

⑦ 中耕，翻地晒土，杀死地下害虫。

二、物理机械防治

① 使用诱虫灯，诱杀夜间活动的害虫，利用黄色荧光灯驱赶吸果

夜蛾。

② 采用人工及工具捕杀金龟子等害虫和蛹。

③ 利用颜色诱杀害虫，如用黄色板、蓝色板和白色板诱虫。

④ 采用防虫网和捕虫网隔离和捕杀害虫。

⑤ 采用果实套袋技术，防止病虫害侵染。

三、生物防治

① 在果园周围和行间间种蜜源植物，以创造有利于天敌繁衍的生态环境，尽可能利用机械和人工除草，既防治草害又保护天敌。

② 收集、引进、繁殖、释放主要害虫天敌，如捕食螨等。

③ 使用真菌、细菌、病毒等生物农药、生化制剂和昆虫生长调节剂。

四、药剂防治

① 推荐使用植物源杀虫剂、微生物源杀虫杀菌剂、昆虫生长调节剂、矿物源杀虫杀菌剂以及低毒低残留有机农药。主要有以下几种：

杀虫剂：苏云金杆菌乳剂、苏云金杆菌粉剂、生物复合杀虫剂、阿维菌素、浏阳霉素、烟碱、除虫菊酯、苦参碱、印楝素、鱼藤素、茴蒿素、松脂合剂、机油乳剂、杀螟松、灭幼脲、除虫脲、氟虫脲、定虫隆、农梦特、敌百虫、吡虫啉、米满、辛硫磷等。

杀菌剂：多氧霉素、农抗 120、石硫合剂、硫黄悬浮剂、硫酸铜、氢氧化铜、菌毒清、波尔多液、代森锰锌类、甲基托布津、多菌灵、百菌清、灭病威、溴菌清、噻菌灵、异菌脲、硫酸链霉素、三唑酮等。

植物生长调节剂：赤霉素、乙烯利、多效唑等。

② 限用中等毒性有机农药喹硫磷、叶蝉散、抗蚜威、氯戊菊酯、氯氰菊酯、顺式氯氰菊酯、溴氰菊酯、敌敌畏、氯氟氰菊酯、甲氰菊酯、杀虫双、双甲脒、噻螨酮、哒螨酮等。

③ 不应使用剧毒、高毒、高残留或具有三致作用的农药。

④ 不应使用未经国家有关部门登记和许可生产的农药。

⑤ 参照执行 GB/T 4285、GB/T 8321 中有关的农药使用准则和规定，严格掌握施用剂量、每季使用次数、施药方法和安全间隔期；对标准中未规定的农药严格按照农药说明书中规定的使用浓度范围和倍数，不得随意加大剂量和浓度。对限制使用的中等毒性农药应针对不同病虫害使用其有

效浓度范围中的下限。

⑥ 建议不同类型农药交替使用，每年同一类型农药使用次数不得超过 3 次。

⑦ 掌握病虫害的发生规律和不同农药的持效期，选择合适的农药种类、最佳防治时期、高效施药技术达到最佳效果。同时了解农药毒性，使用选择性农药，减少对人、畜、天敌的毒害以及对产品和环境的污染。

⑧ 对限制使用的化学农药最后一次用药距采收间隔期应在 30d 以上；对允许使用的化学农药最后一次用药距采收间隔期应在 20d 以上；采用施保克、特克多等微毒和低毒、残留期短的防腐保鲜剂，最后一次用药时间可推迟到采收前 10d。

第二节　芒果侵染性病害

一、芒果炭疽病

1. 危害症状

引起芒果炭疽病的病原菌有两种，分别是胶孢炭疽菌和尖孢炭疽菌，分别属于半知菌类刺盘孢属和尖孢小丛壳菌。

在叶片、花序、果实和枝梢上均有发生。病叶初期出现褐色小斑点，周围有黄晕。病斑扩大后呈圆形或不规则形，黑褐色，数个病斑融合后形成大斑，使叶片大部分枯死。嫩叶受害后病斑突起，最后穿孔。花序感病后产生黑褐色小点，扩展形成圆形或条形斑，多在花梗上。严重时整个花序变黑、干枯，花蕾脱落，使芒果全部或部分不开花。未熟果实感病后，产生黑褐色小斑点。若果柄、果蒂感病，则果实很快脱落。接近成熟或成熟果实感病，初期形成黑褐色圆形病斑，扩大后呈圆形或不规则形，黑色，中间凹陷。有时病斑联合，果面变黑。病部果肉初期变硬，后期变软腐烂。潮湿天气下病部产生淡红色孢子堆。嫩枝感病产生黑色病斑，病斑向上下扩展，环绕全枝后形成回枯症状，病部以上部分枝叶枯死，病部产生许多小黑点。

2. 发病规律

炭疽病一年四季均可发生，特别是在潮湿、多雨的季节尤为严重，20～30℃的气温伴以高湿有利于该病发生，发病最适温度为 25～28℃、相对湿度在90%以上，植株幼嫩组织利于该病的为害。而且其潜伏期即具有较强的感染性，芒果在花期经常会受到感染，该病菌往往潜伏在芒果的表皮和果肉里面。在海南反季节芒果生产过程中，梢期和果实发育中后期炭疽病发病率较低，主要集中于花期、小果期，连续台风阴雨、高温天气发病速度快且难以控制。如果金煌小果期遇到连续阴雨、高温天气，前一天打药，因下雨停了下来，没有打上药的第二天即发病，集中于小果果面，但及时用药还是能将病害控制下来，同时对果皮损害比较轻微。

芒果采后贮运期间炭疽病的发生与采前果园防治水平、采收果实成熟度、采收时果实的健康程度有密切关系。果园管理水平高，带菌量少、光滑无伤的果实贮运期炭疽病发生较慢且轻，采收时已带病的（如细菌性角斑病、煤污病等）果实贮运期发病特别严重且快。

3. 防治方法

（1）*防治策略*　海南芒果炭疽病容易发病的时间节点多在花期和小果期，遇到台风和连续阴雨天气时病害暴发快且难以控制。在新梢、花序刚抽生到果实采收前等芒果感病期间做好化学防治措施。其中开花期、幼果期和抽梢期是采前防治的关键时期。花蕾期、小果期若是光照充足的天气，炭疽病菌防护药剂施用间隔8～10d一次；若遇连续高温、阴雨天气，3～5d即需用一次药，才能防控得住，此时应治疗剂和保护剂结合施用。

（2）*用药建议*　常用的炭疽病杀菌剂为嘧菌酯、吡唑醚菌酯、甲基托布津、苯醚甲环唑等。经验证明：芒果果皮对咪鲜胺类杀菌剂较为敏感，所以在海南芒果产区一般不使用含有该类成分的杀菌剂防治炭疽病。

（3）*红点型炭疽病*　海南三亚、乐东等地芒果红点病主要为炭疽病的一种症状，部分为细菌性黑斑病症状（特别是在贵妃和金煌芒果上）；在海南昌江、东方等地，主要为细菌性黑斑病症状，少数为炭疽病症状。因此要将防治炭疽病和细菌性黑斑病的药剂混合使用。

4. 注意事项

① 在潮湿季节，内吸性杀菌剂（如甲基托布津等）和保护性杀菌剂（如大生）一起喷施，一般2周1次。

② 在象牙、贵妃、台芽等品种上慎用咪鲜胺类药剂（施保功、施保克），同时也应尽量避免给周围作物施用含咪鲜胺的药剂，以防扩散到芒果园，否则易产生药害。

③ 上述药剂同时兼防兼治白粉病、疮痂病，可以不用重复用药。

④ 甲基硫菌灵、多菌灵不能和铜制剂混用。

二、芒果白粉病

1. 危害症状

病原菌无性繁殖阶段为半知菌类粉孢属芒果粉孢菌；有性繁殖阶段为子囊菌门白粉菌属二孢白粉菌。病菌以菌丝体和分生孢子在寄主的叶片、枝条或脱落的病叶、花、果等植物残体中存活越冬，其存活期可达2～3年。第二年气温20～25℃时，干湿天气均可以发病，芒果花期和春、秋季发病较多。芒果白粉病是芒果花期、幼果、嫩叶、嫩梢的主要病害之一。病菌以吸器伸入芒果树花序、幼果、嫩叶、嫩梢表皮组织吸取营养，严重影响芒果树开花、坐果，造成落花、落果；影响梢、叶，特别是结果母枝的生长。在被害的器官上初出现一些分散的白粉状小斑块，后逐渐扩大并相互联合形成一片白色粉状霉层，霉层下的组织逐渐变褐、坏死。

2. 病害发生规律

芒果白粉病主要在花期、幼果期、嫩叶期、嫩梢期为害。初侵染源来自老叶或残存花枝。当春季温、湿度条件适宜时，在感病枝梢、花梗、叶片和果园杂草等上的病原菌即可产生大量分生孢子，通过风、气流和昆虫等传播到新抽生的花序、嫩梢、嫩叶和幼果上为害。小花梗、花萼最易感病。该病流行迅猛，感病2～3d后，表生菌丝产生大量孢子，受害部位出现一些分散的白粉状小斑点，以后逐渐联合成斑块，形成白色绒粉状病斑。如此反复传播、侵染，病害发生严重时整株呈白粉色。病原菌对温度的适应性不强，20～25℃适宜该病的发生与流行。病原菌对湿度适应性较强，虽喜阴湿，在芒果花期，特别是盛花期，相对湿度在80%以上时，其孢子萌发率很高，在大雾和降雨频繁时，病菌繁殖、侵染迅速，病情上升快，为害重，但在气候较干燥、空气湿度偏低的条件下，该病菌仍可侵染，为害成灾。暴雨或连降大雨，不利于该病菌的繁殖和侵染，且有一定的抑制作用。

3. 防治方法

（1）加强管理　白粉病高发期，及时剪除树冠上的病虫枝、干腐枝、旧花梗、浓密枝叶，使树冠通风透光。避免过量施用单质氮肥如尿素、高氮叶面肥，着重施用高磷高钾、含微量元素叶面肥。

（2）化学防治　初花期前用40%灭病威胶悬剂800倍液或50%硫黄

悬浮剂500倍液喷雾预防。在初花期、末花期和小果期喷雾再防治1～2次，可选用的杀菌剂有30%己唑醇悬浮剂5000倍液、30%苯醚甲环唑悬浮剂3000倍液、20%三唑酮乳油1500倍液、25%腈菌唑乳油5000倍液、40%福星乳油7000倍液或50%甲基托布津可湿性粉剂800倍液。其他药剂还有磷酸二氢钾、嘧菌酯、戊唑醇、肟菌酯等，注意药剂轮换使用。对发病严重或常年发病的地段或植株，可采用挑治方法。

4. 注意事项

① 尽量避免在盛花期用药防治，特别是使用硫制剂。

② 盛花期和末花期比初花期的花穗感病重，因此需做好盛花期前的预防工作。

③ 上述药剂同时兼防兼治炭疽病、疮痂病，可以不用重复用药。

三、细菌性角斑病

1. 危害症状

细菌性角斑病病原菌为黄单胞杆菌属细菌，会对芒果树树叶、树枝、果实产生危害。叶片染病后，会变成黑色，并呈现多角形斑块。最初为水渍状，随着时间推移成为褐色，四周出现黄晕。若嫩梢感染，则会迅速由绿变黑，裂缝处有胶状物流出。果实染病后也会有水渍状斑块出现。一般染病苗木会携带此类疾病，而病菌主要利用风雨传播，在树表伤口处就可附着感染。

2. 发生规律

细菌性角斑病主要危害芒果叶片、枝条、花序和幼果。此病为害而形成的伤口还可成为炭疽病病菌、蒂腐病病菌的侵入口，台风天气造成多种病害混发的情况比较普遍，受感染没有得到有效处理的芒果采后则容易诱发贮藏期果实大量腐烂。果园带病枝叶、病果、病残体等是芒果细菌性角斑病的初侵染源，病菌主要通过雨水、气流等进行传播扩散。病菌从枝条、叶片和果实的伤口或气孔等自然孔口侵入而致病。病原菌发育的最适温度为25～30℃，高温、多雨有利于此病发生，沿海芒果种植区，台风暴雨后树干、枝条、叶片被风吹伤或扭伤，易造成病害短时间内暴发，一旦发病防控难度很大，损失惨重。台风的强度、台风雨的次数和病叶率，与当年细菌性角斑病发生的严重程度成正相关，可以作为病害流行的预测指标。2013年，超强台风“海燕”袭击海南，不仅直接造成大面积的芒果树干、枝条断裂，灾后也暴发了大面积的细菌性角斑病。自此以后，果农在台风后对于角斑病的防治非常注意，近两年大面积发病的现象减少很多。常风较大地区、向风地带或低洼湿气重的地块发病较重，避风、地势较高的果园发病较轻。

3. 防治方法

（1）*清洁果园*　秋冬季结合修剪剪除病枝、病叶，收集落叶、落果，集中烧毁。在发病季节，随时注意剪除病枝、病叶。

（2）*喷药防治*　3月春梢期开始，在嫩梢期和幼果期需喷药保护和防治。每隔10～15d喷1次药，连续喷药3～5次，特别是暴风雨前后要及时喷药。可选用的药剂有春雷霉素·王铜800倍液、农用链霉素1500～2000倍液、1%等量式波尔多液、可杀得叁千1000倍液、40%氧氯化铜600～800倍液、噻霉酮、喹啉铜、辛菌胺、氯溴异氰尿酸、噻唑锌、中生菌素、叶枯唑、水合霉素、芽孢杆菌等。注意药剂要交替使用，以防产生耐药性，影响防效。通过内吸传导和表面触杀，减轻病害影响和控制病害进一步蔓延。

（3）*重剪防治*　叶片病斑累累、果实发病重的果园或芒果树，在春季重剪到二级分枝，摘除枝上所有叶片，使其重新抽发枝梢、换冠。及时做好清园及喷药预防工作。

（4）*营养防病*　在台风雨前后，使用杀菌剂配合施用含钙、硅等元素的叶面肥，可明显提升对细菌性角斑病防控效果。常规杀菌剂往往只针对病菌的触杀，对于芒果机体的恢复没有什么作用。钙、硅元素可以强化细胞壁物理结构，增强病害入侵部位的物理抗性。

4. 注意事项

① 明确发病秋梢为翌年病害的主要侵染源，梢期嫩叶紫色至淡绿色时为最敏感期。高温、多雨、潮湿常发病严重，特别是新梢期台风雨为病害发生流行最重要的诱因，要密切关注天气预报，台风暴雨前后需喷药保护和防治。

② 注意不要把三氯异氰尿酸与氯化铵、硝酸铵、氨水、咪鲜胺、辛菌胺等带“氨、铵、胺”的农药或化肥堆放在一起或混合使用，否则容易发生爆炸。

③ 噻菌铜不能和氧氯化铜等铜制剂和福美双混用。

④ 芽孢杆菌不能和上述杀菌剂混用。

四、煤烟病

1. 危害症状

煤烟病主要致病菌有小煤炱菌、三叉孢菌、煤炱菌。芒果煤烟病可危害果实和叶片，受害叶片或果实上现黑色近圆形霉斑，后霉斑密布且相互融合，严重时被黑色霉层盖满，影响光合作用及果实外观，使果实失去商品价值。

果实受害的最初症状是果皮表面可看到少许如煤灰的小黑点，该小黑点随着果实长大逐渐扩大，最后形成一片黑污色，病情一般是由果蒂向果腰发展。果身变干后，黑污色很难褪去，将污果放进水中数分钟，则可用湿纱布轻轻将黑污洗去。该病只在果实表皮发生，不会影响到果肉，严重者果皮全部变黑，所以严重影响到果实的商品价值。受害叶片表面覆盖一层疏松、网状的黑色粉霉层，阻碍叶片光合作用，霉状物仅限于叶面，与叶片结合不紧密，易抹去。

2. 病害发生规律

病原菌以菌丝体、子囊座或分生孢子盘在病叶、病枝和病果表面或菌丝体潜伏在寄主体内度过不良环境。芒果煤烟病病原菌的菌丝、分生孢子、子囊孢子都能作为侵染源，借风雨、昆虫传播，成为次年初侵染源。环境条件适宜时，分生孢子自分生孢子器涌出，经雨水溅射或昆虫活动等进行传播。

芒果煤烟病主要危害花穗、果实和叶片，严重影响芒果树的光合作用、呼吸作用和果实外观。初侵染源来自枝条、老叶。此病的发生与叶蝉、蚜虫、介壳虫和蛾蜡蝉等同翅目昆虫的危害有关，这些害虫在植株上取食为害并在叶片、枝条、果实、花穗上排出“蜜露”，病原菌以这些排泄物为养料生长繁殖从而造成危害。叶蝉、蚜虫、介壳虫和蛾蜡蝉等发生严重的果园，常诱发煤烟病的严重发生。树龄大、荫蔽、栽培管理差的果园该病发生较严重。

3. 防治方法

（1）及时防治害虫，如叶蝉、蚜虫和介壳虫，特别要注意介壳虫，因为介壳虫成虫身体上有蜡质介壳，对农药抵抗力较强，所以只有在介壳尚未形成的若虫期对其施药效果才好。在介壳虫若虫期，选用顺式氯氰菊酯、高效氯氰菊酯、三氟氯氰菊酯、矿物油、松脂酸钠等喷洒有虫部位和幼虫植株。介壳虫多藏在叶背，喷施农药时应注意。

（2）及时清园和每年修枝整形，保持果园通风透光，防止病菌在郁闭、潮湿地方繁殖。

（3）控制单质氮肥如尿素的施用，很多果农为了加速出梢，在修剪后每株追施 1～1.5kg 尿素，过量氮肥可能导致烧根或叶片过薄。同时过量氮素导致细胞质浓度下降、细胞壁变薄，植株容易脱水，进而成为叶蝉、蚜虫、介壳虫的取食目标。

（4）对于已经发病的植株，应以梢期防控为主，可用氧氯化铜、石硫合剂、波尔多液、硫酸铜、甲基硫菌灵提前防控。果期发病在用药方面要注意避免造成药伤。

五、芒果流胶病

1. 危害症状

芒果流胶病是芒果生产中的一大病害，常引起芒果枝叶干枯、苗木死亡，降低植株的抗逆性。同时该病还危害芒果果实，造成幼果发育受阻，导致早落果；成熟果外观品质变劣，贮藏期缩短。并常与其他病害复合侵染、互为发生条件，导致芒果生产大幅度减产。据国外报道引起蒂腐和枝枯的多种病原菌都可能侵染枝条和茎干引起流胶病。

芒果流胶病主要发生于木栓化枝条、粗枝和粗干上，幼苗多发生于茎基部，导致枝干流胶，枝条枯萎，树势衰弱，幼苗死亡。树体被侵染后在根、茎 、顶芽、花、果上流胶是该病的主要特征。幼苗受害多从芽接点或伤口处出现黑褐色坏死斑，很快向上下发展，造成接穗坏死。主干或枝梢受害，侵染初期在侵入点形成褐色小圆点，之后病菌沿形成层上下扩展，被侵染处变褐色，木质部坏死，韧皮部沿侵染线开裂，流出乳白色树液，几天内逐渐变为乳黄色，最后变为黏稠的琥珀色树胶；发病中后期，韧皮部、木质部逐渐腐烂脱落，引起树干部分枯死，植株长势减弱，严重的导致整株死亡。

2. 病害发生规律

排水不良的苗圃易发病。挂果树发病普遍，特别是在台风天气，高温高湿和荫蔽的环境条件下，容易发病，迎风面枝干受害严重。

3. 流胶病病情分级标准

0 级：主干、主枝无流胶点。

Ⅰ级：主干、主枝有1～5个流胶点。

Ⅱ级：主干、主枝有6～10个流胶点。

Ⅲ级：主干、主枝有11～15个流胶点。

Ⅳ级：主干、主枝有16～20个流胶点。

Ⅴ级：主干、主枝有多于20个流胶点。

4. 防治方法

（1）栽培过程中要防止机械损伤。树干涂白以免受太阳暴晒，用刀挖除病部，涂上波尔多液、生石灰保护。

（2）挂果期要充分结合修剪整形措施，剪除病枝梢。剪时要从病部以下20～30cm处剪除；主干上的病斑，要用快刀将病部割除，割至出现健康组织，然后将伤口涂上波尔多液，或用甲基硫菌灵可湿性粉剂喷雾。

（3）结合芒果炭疽病和细菌性角斑病的防治，花期可喷氢氧化铜、王铜等防治。

六、芒果疮痂病

本病在苗圃为害较重，对幼龄树及老树为害较轻。果实生长后期发病多，影响果实外观。

1. 危害症状

芒果疮痂病由真菌侵染引起，其有性阶段为芒果痂囊腔菌，属子囊菌亚门；其无性阶段为芒果痂圆孢菌，属半知菌亚门。叶片、枝条、花及果实的多汁幼嫩组织特别易感病。嫩叶感病发生扭曲、畸形，老叶发病叶背产生黑色小凸起，中央裂开，严重时落叶。茎部病斑和果实病斑类似，呈灰色不规则状，但果实病斑具黑色不规则边缘。当果实增大时，病斑也扩大，病斑中央木栓化和开裂。潮湿时，果实病斑产生孢子，呈现一种灰色到褐色绒毛状。病果易脱落。

2. 病害发生规律

芒果疮痂病病原菌可以产生分生孢子和有性孢子。无性阶段的分生孢子在侵染和病害传播中起主要作用，病原菌以菌丝和分生孢子盘在病残体上存活，在高温潮湿环境条件下，产生分生孢子借助风雨传播，引起新梢和嫩叶发病；坐果后，病原菌侵染果实，产生疮痂症状，果实上的病斑产生的分生孢子可以引起果实再侵染。

3. 防治方法

(1) 选用无病种苗和接穗　新植果园尽可能选择健康种苗栽培。

(2) 清除病残体　结合修剪，彻底清除病枝、病叶、病果，集中销毁。

(3) 加强管理　增施磷钾肥、钙肥，强壮树体和根系，增强组织抗病能力，及时套袋护果。

(4) 化学防治　梢期可用波尔多液（1∶1∶100）防护；花果期使用代森锰锌、甲基托布津等700～1000倍液保护；抽梢期用30%氧氯化铜悬浮剂800～1000倍液喷雾保护。

4. 注意事项

嫩梢、嫩叶和花穗发病严重，结果后病害容易传播到果实，所以要做好嫩梢、嫩叶和花穗病害的防治工作。

七、芒果藻斑病

1. 危害症状

发病初期在叶片上形成灰绿色近圆形透明斑点，然后向四周扩散，在病斑上产生橙黄色的绒毛状物。后期病斑中央变为灰白色，周围变红褐色，病菌与叶面结合紧密，不易脱落，病斑在叶片上的分布往往主脉两侧多于叶缘。

2. 病原菌

属绿藻门的橘色藻科头孢藻属，寄生藻。

3. 病害发生规律

芒果藻斑病主要危害中下部枝梢及下层叶片。初侵染源来自芒果带病的老叶和枝条，果园周边寄主植物上的病叶、病枝等也可成为该病的初侵染源。在植株上，一般树冠发病由下层叶片向上发展，中下部枝梢受害严重。温暖高湿的气候条件适宜孢子囊的产生和传播。降雨频繁、雨量充沛的季节，藻斑病扩展蔓延迅速。树冠和枝叶密集、过度荫蔽、通风透光不良的果园发病严重。生长衰弱的果园也有利于该病的发生。雨季是该病的主要发生季节。

4. 防治方法

(1) 加强果园管理　合理施肥，增施有机肥，提高果树抗病性；适度修剪，增加果树通风透光性；搞好果园排水系统；及时清除果园的杂草。

（2）减少侵染来源 清除果园的病、老叶或病、落叶。

（3）药剂防治 在病斑灰绿色尚未形成游动孢子时，用二氯异氰尿酸钠复配矿物油或氢化植物油，修完枝后清园打。

八、芒果畸形病

1. 危害症状

芒果畸形病可以侵染幼苗、嫩芽和花序。幼苗和嫩芽感病后，枝条顶端有生命力的幼芽大量萌发，形成畸形、粗短的嫩芽，节间距明显缩短，叶片缩小并向茎干弯曲，被感染的枝条或嫩芽常常簇生形成束状或扫帚状。花序受侵染后花序轴缩短，萼片缩小或消失，小花序数量增加并膨大但不开放，整个花序簇生形成团状，大多数花为雌花，与正常花相比，两性花消失或极少，花序不能正常开放和坐果。部分芒果品种染病后有少量的花序正常开放和坐果，但其果实大多自然脱落，导致严重的损失甚至完全绝产。植株染病后，不能恢复，并随着时间的推延而逐渐加重，染病团状花序能够在相当长的一段时间内继续保持绿色，随后团状花序干枯变为黑褐色，但并不脱落。

2. 病原菌

至少 3 种真菌被证明可以导致芒果畸形病，包括串珠镰孢菌（有性态为子囊菌亚门藤仓赤霉属）、胶孢镰孢菌以及 F. mangiferae。

3. 病害发生规律

病菌主要通过染病接穗或幼苗等活体材料在不同区域之间转运传播，是芒果畸形病（图 5-1）远距离传播的主要途径。瘿螨可能是该病菌的携带者并在植株上传播，同时其产生的伤口可能有利于病菌的入侵，但没有证据表明瘿螨可以在植株或田间传播。另外，风可能在田间分生孢子的传播上扮演着重要的角色，但至今尚未得到确认。

4. 发病影响因子

（1）温度 芒果畸形病发病率的高低与田间小气候有密切的关系。其中温度是影响该病发生的关键因素。高温能抑制该病的发生和蔓延，低温有利于该病的危害和扩展。

（2）相对湿度 田间相对湿度与芒果畸形病的发生和蔓延呈明显的线

图 5-1　芒果畸形病（见彩图）

性关系。较高的相对湿度有利于病菌的扩展和蔓延；反之，则抑制病菌的扩展和蔓延。

（3）风速　芒果畸形病病菌可能依靠风力在田间传播，因此风速与该病的蔓延可能有重要的关系。

5. 防治方法

（1）选用无病种苗和接穗　新植果园尽可能选择健康种苗栽植，老果园高接换冠也要选择健康无病的接穗。

（2）清除病残体　结合每次修剪，彻底清除病枝梢，清扫残枝、落叶、落果，集中销毁。

（3）加强田间管理　加强水肥管理，避免过量或偏施氮肥，补充适量磷钾肥，促进新梢老熟。

（4）化学防治　有人认为，喷施植物生长调节剂如 IAA（吲哚乙酸）、赤霉素等可以延缓或减少芒果畸形病的发生。

九、芒果回枯病

芒果回枯病，又称顶枯病、枝枯病等，该病首先在我国海南省白沙县大岭农场的幼树上发现，此后在三亚、乐东、东方、昌江等地芒果树上发生该病。近些年来，该病有发生流行的趋势。2011 年以来，在三亚和乐东等地遭受台风袭击严重的果园，株发病率可达 100%，平均枝条发病率可超过 40%。

1. 危害症状

该病主要危害枝条和茎干，有时也可危害叶片。危害果实时引起蒂腐病。侵染枝条或茎干，症状常表现为回枯、流胶、树皮纵向开裂和木质部褐变等。枝条初期病部出现水渍状褐色病斑，后变黑色，剖开病部枝条，木质部变浅褐色；病斑扩大后病部开裂，流出乳白色树脂，后期树脂变为黄褐色、棕褐色至黑褐色，病斑扩大环绕枝条，且向上、向下扩展；最后病部以上的枝条枯死，变黑褐色，病部长出许多黑色颗粒。受害部位的叶片从叶柄开始发病，并沿叶脉扩展，呈黄褐色，严重时整个叶片枯死。幼树感病，可致整株枯死。

该病也可从叶尖、叶缘感病，出现褐色后变灰色的病斑，其上有许多小黑点，然后向叶身、叶脉扩展，到达叶脉后沿叶脉向叶柄和枝条上下发展，造成回枯或整株死亡。果实感病，果蒂部分先出现褐色斑点，然后不断扩大使整个果蒂的果皮变褐、腐烂、渗出黏液。

2. 病原菌

引起芒果树回枯病的病原菌复杂，主要为葡萄座腔菌真菌、可可球二孢菌等。

3. 病害循环及发病条件

该病病原以菌丝体或分生孢子器在病株和病残体上越冬存活，翌年春季温度、湿度适宜时，菌丝体扩展或分生孢子器涌出大量分生孢子，分生孢子借风雨传播，主要从伤口侵入致病。菌丝体还潜伏在芒果植株的茎干、果实和叶片上，待条件适宜时发病。高温高湿和荫蔽的环境条件有利于该病发生，台风雨过后常暴发流行；积水、干旱或低温等环境胁迫可加重病情，在海南夏季台风雨后、秋末雨季和春初旱季病害发生严重。

4. 防治方法

（1）种植防风林　减少大风对树体的伤害，同时加强防治天牛等蛀干害虫，减少病菌从伤口侵入。

（2）加强肥水管理　回枯病发生普遍的果园，应少施化肥，多施农家肥和有机肥；雨季注意排涝、旱季注意灌水，避免旱涝胁迫；台风雨后对回枯病发生严重的植株或果园，应进行重剪，减少或停止使用多效唑，不能强行催花结果，以便恢复树势。

（3）销毁病株　修剪时，在枝条的发病部位以下 10～15cm 处进行修剪，将修剪掉的病枝梢移出果园并集中烧毁，以防交叉感染。

（4）化学防治　茎干发病，用刀挖除病部，涂上 10%波尔多浆保护剂；降雨后，用1%波尔多液或40%多菌灵200倍液或25%丙环唑或苯醚甲环唑1500倍液喷雾保护新梢，每隔10d喷1次，连续喷2～3次；特别是在修剪后、抽梢期或嫁接后如遇台风雨，应及时喷药保护，用20%噻菌铜1500倍液+25%丙环唑喷雾，灌根亦可。

5. 注意事项

高温、高湿，雨水多，果园郁闭不通风，树势弱，适宜此病流行，特别是台风雨后更容易暴发成灾。因此，台风雨后必须采取化学防治措施。

第三节　非侵染性病害

一、芒果生理性叶缘焦枯

1. 病因

该病又称叶焦病、叶缘叶枯病，病害多出现在3年以下的幼树。该病属生理性病害，与营养不均衡、根系活力差、土壤环境条件不适和基础管理不当有关。发病原因：一是营养失调树叶片中含钾量较健康树高，钾离子过剩，引起叶缘灼烧。二是根系活力和周围环境密切相关，发病期气候干旱，土壤温度高、水分供应不足、盐分浓度高，直接影响根系活力，当有适量雨水，根际条件得到改善时，植株逐渐恢复正常。

2. 症状

1～3年生幼树新梢发病时，叶尖或叶缘出现水渍状褐色波纹斑，向中脉横向扩展，逐渐叶缘干枯；后期叶缘呈褐色，病梢上叶片逐渐脱落，剩下秃枝，一般不枯死，翌年仍可长出新梢，但长势差，根部颜色稍暗，根毛少。

3. 防治方法

（1）建园时要注意选择适宜的土壤和周围的环境条件，并注意培肥地力、改良土壤。

（2）加强芒果园管理，幼树应施用微生物菌剂沤制的堆肥或薄施腐熟有机肥，合理施用化肥，秋冬干旱季节要注意适当淋水并用草覆盖树盘，保持土壤湿润。

（3）注意防治芒果拟盘多毛孢灰斑病、链格孢叶枯病、壳二孢叶斑病等，防止芒果缺钙、缺锌。

二、芒果树干裂皮病

1. 病因及发病规律

芒果树干裂皮一般由太阳暴晒或过量喷施乙烯利引起，向阳面长时间遭受太阳暴晒，受害较严重。在海南从事反季节芒果生产，二蓬梢转绿后开始喷施乙烯利控梢，使用剂量过大或喷得过湿都容易导致枝干龟裂。

2. 防治措施

（1）每年在修枝后枝干涂上石硫合剂或波尔多液保护，一则缓解太阳暴晒；二则避免伤口感染病菌。

（2）减少乙烯利用量，在喷施乙烯利控梢时注意避免喷得过湿导致树干裂皮流胶。

三、果实内部腐烂病

1. 发病症状

果实内部腐烂病一般出现于果实生长期和采后果实后熟过程中。有些果实表面完好，但切开后果肉有的变黑、有的已腐烂、有的空心。目前发现的果实内部腐烂病至少有下列 4 种情况：

第一是果顶果肉先糊状软化，果实中部和基部正常或不成熟，称“软鼻子病”。

第二种情况是在果实种子周围的果肉先软化湿腐，而近果实表面的果肉却表现正常，称“心腐病”（图 5-2）。

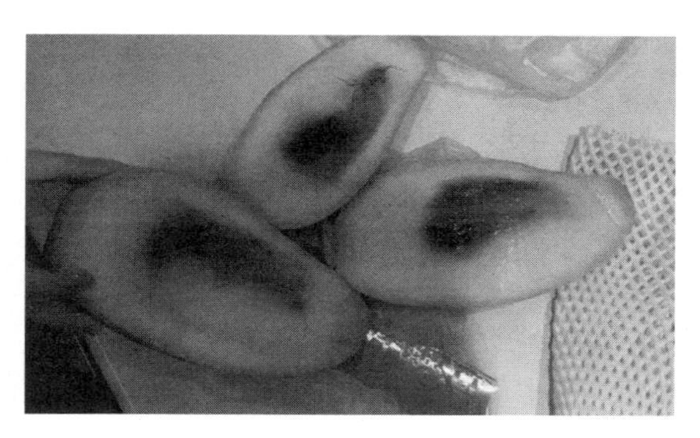

图 5-2　调节剂使用过量导致金煌芒果果皮内侧和种胚区腐烂（见彩图）

第三种情况是果肉软化、变色、劣变，果肉呈松散的海绵状，靠近果皮有一层黑褐色的分界线，随着果实的进一步成熟，内部果肉逐渐变黑腐烂，称“海绵组织病”（图 5-3）。

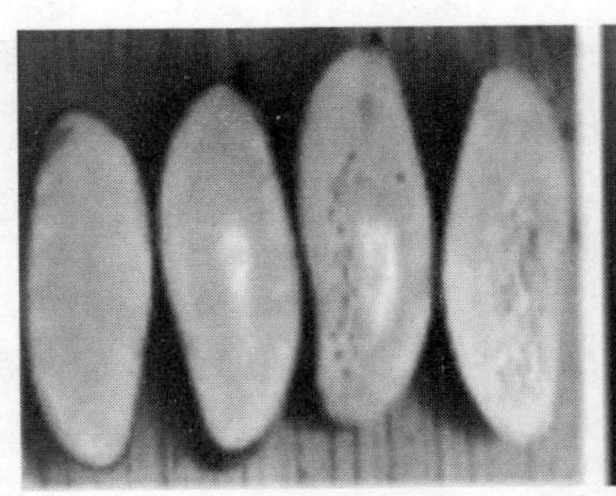
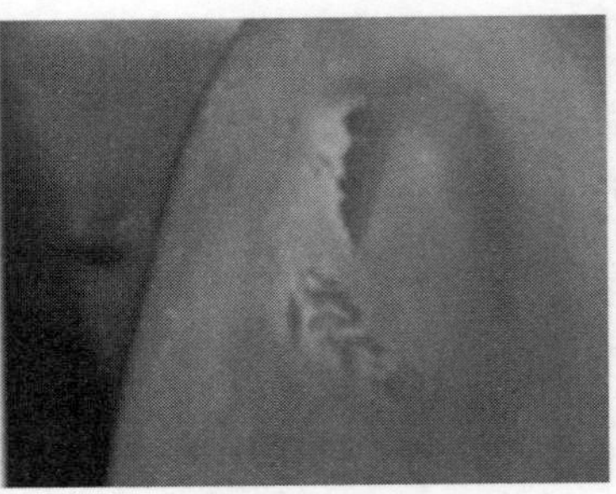

图 5-3　芒果海绵组织病（见彩图）

第四种情况是近成熟的果实内部出现空心的现象，空心周围组织褐化，其他果肉正常，称“空心病”。

2. 病因及发病规律

果实内部腐烂病多是由于树体营养失调，导致代谢不平衡，在一定的环境条件影响下发生的。分析海南近几年果实内部腐烂病发病情况，发现金煌这种大果型芒果品种容易发病，有如下情况容易发生果实内部腐烂病：①树势差、叶片短小、枝条稀疏的芒果树；②持续高温高湿气候；③果实发育过程中过量使用调节剂；④根系和叶面硼、钙、钾等矿物质营养供应不足。

3. 防治措施

生理病害的出现，最根本的问题是在芒果树体本身，所以应以养护树体为主，结合其他农艺措施预防。

（1）根本预防措施应以养护树势为主，注重修剪期—梢期施底肥和追肥，培养更多辅养枝组，增加果实发育期间碳水化合物的合成和积累。

（2）减少果实膨大中后期植物生长调节剂的用量，防止果实过度膨大导致的内部营养不足，诱发果实生理病害。

（3）应加强肥水管理，多施有机肥，除了氮磷钾的合理配比外，还要注意钙镁肥和硼、锰、锌、铜等微量元素的施用。最好通过营养诊断，进行配方施肥。在膨果期间通过根部和叶面追施硼、钙、钾等矿物质营养。

四、低温冷害

1. 病因及发病规律

芒果属于热带作物，温度低于 15℃便停止生长，低于 10℃则会出现冷害。海南反季节芒果生产区主要位于三亚、乐东一带，冬季极少出现冻害，一般在进入 1 月份后会有几天夜间温度在 10℃左右，遇到连续阴天白天温度只有十几度，芒果容易发生冷害。冷害对芒果的影响分为直接影响和间接影响两种：直接影响为果面朝外的部分整个起红斑（图 5-4）；间接影响是冷害使芒果果实对药物更敏感，低温寡照期间使用 920 容易灼伤果皮，导致上面产生红色斑点（图 5-5）。低温使得果皮细胞呈失水状态，细胞酶失活，代谢异常，叶绿素部分降解，喷施药物后无法被有效吸收，从而积累在果面造成间接伤害。红斑和红色斑点在光照充足的情况下可以逐渐缓解甚至消失。芒果发生冻害会导致叶片干枯（图 5-6），甚至整株死亡。

图 5-4　低温直接伤害——果面起红斑（见彩图）

图 5-5　低温期使用植物生长调节剂——果面被灼伤起红色斑点（见彩图）

图 5-6　芒果叶片冻害（见彩图）

2. 防治措施

近年来反季节芒果生产技术有了很大的进步，很多国外先进的生物激素类产品被种植户应用到生产实践中，在低温前后使用可以很好地预防和缓解冷害。出现药物伤害时，也可以通过喷施含海藻、氨基酸类叶面肥，降低损失。

五、日灼病

1. 发生规律

芒果日灼病是一种非侵染性生理病害，常发生在果实生长期。受高温、空气干燥与强光照射的作用，果实表皮组织水分失衡发生灼伤。日灼病发病程度与气候条件、树势强弱、果实着生方位、果实套袋与否及阳光照射情况、果园管理情况等因素密切相关。连续雨天突然转晴后，受日光直射，果实易发生日灼病；植株结果过多，树势衰弱，也会加重日灼病的发生；果树外围果实向阳面日灼病发生重；套袋果一般不发生日灼病。

2. 防治措施

（1）合理施肥灌水　底肥重施有机肥，合理搭配氮磷钾和中微量元素肥料。果实生长季节结合杀菌剂叶面喷施有机营养和钾、钙肥。遇高温干旱天气及时灌水，降低园内温度，减少日灼病发生。

（2）果实套袋　对于金煌、红玉芒果品种应于坐果稳定后尽早套袋，选择防水、透气性好的芒果专用果袋。套袋前全园喷 1 次优质保护性杀菌剂，药液晾干后再开始套袋。注意避开雨后的高温天气和有露水的时段，并要将袋口扎紧封严，果实采收前去袋。

六、裂果

1. 病因及发生规律

果实进入成熟期，果皮缺钙、停止生长或增厚，而果实还在增大压迫外果皮，使之逐步变薄。若在这一成熟期持续严重干旱缺水后就遇暴雨或连续降雨，根系或果实吸收大量水分，产生异常的膨压，超过了果皮和果肉组织细胞壁所能承受的压力，必然会产生严重裂果。因此，果园排水系统要完善，能及时排水，干旱时要特别注意少量多次淋水，不可一次性过量浇水，防止土壤水分出现大幅度变化，确保芒果的果皮与果肉的生长一致。海南象牙芒果品种果皮较薄，因久旱逢雨和缺钙造成的裂果较多。

幼果期如果有害虫侵食果皮，形成硬皮、凹陷，导致后期果实开裂；有的遭受细菌性角斑病、流胶病、天牛、横线尾夜蛾的危害，不仅果皮变黑，还会发生裂果，而且横线尾夜蛾取食果皮汁液后，使表皮严重受损停止生长发育，仅剩下一层薄皮，在遇上雨天果实吸水膨大时，最易出现裂果。

2. 防治方法

造成裂果的原因不仅仅只有这些，比如果园内部过分荫蔽、光照过强、激素类植物生长调节剂的滥用、植物内源激素比例的变化等都会造成裂果，所以解决问题也应综合考虑。不仅需要全面补充微量元素保持元素平衡，同时还要选择不含激素的肥料，综合治理果园，才能达到减少裂果、提高果实品质的目的。

七、药害

海南芒果反季节生产使用除草剂、杀菌剂及植物生长调节剂，它们的作用机理对细胞代谢有很大影响，因此对作物产生药害的概率较大，部分杀虫剂也会对植物产生药害。出现药害的原因除了与农药的品种、作物品种、种植密度相关外，与使用的时期、使用的浓度、使用剂量和使用环境也有密切关系。

（1）药害分类

① 直接药害　芒果反季节生产使用农药后短期内对果树产生药害，为直接药害，直接药害显示快，症状比较明显，叶面出现褐色条纹，卷叶变曲、枯死。

② 间接药害　芒果在生长过程中，在花、果期施药后出现症状，但症状不明显，芒果果实发育缓慢，出现畸形，花期扬花时间变长，坐果率低，容易掉果，都是间接药害的体现。海南芒果反季节生产出现药害的症状多是直接药害，即可见性药害，其发生的主要原因是在芒果反季节生产过程中控梢、催花、保花保果一系列阶段，都是使用药物来完成的。芒果反季节生产出现药害的症状一般都在控梢、催花、保花保果期，不管在哪个阶段过程中，无论出现哪种药害都可能导致芒果的产量低、品质差和市场价格不好，使果农遭受经济损失。如芒果反季节生产采用药物控梢、催花、保花保果，如果药物施用后遇到不良天气的影响，如阴雨天、高温、低温或台风天气，都有可能出现药害。芒果反季节生产使用除草剂后对芒果产生的药害也属于间接药害。

（2）芒果出现药害的时期

① 芒果控梢期　在芒果控梢时期，一般采用多效唑控梢。芒果控梢

一般在第二蓬叶稳定时进行，施多效唑控梢，一般每平方米树冠施 8～20g，幼树少施，结果树多施。施药量过大，会引起药害，多效唑施用过多容易导致芒果枝梢、叶片、花序发育畸形。

② 芒果促花、催花期　芒果反季节催花，主要药物有硝酸钾、乙烯利、细胞分裂素和萘乙酸等。芒果催花硝酸钾用量为 15kg 水用 400～500g，乙烯利用量为 15kg 水用 6～10mL。硝酸钾、乙烯利和细胞分裂素过量都容易使芒果花期出现药害。硝酸钾施用过量导致芒果叶尖或叶缘干枯，乙烯利施用过量则破坏生长点，使叶片脱落和树皮干裂流胶。

③ 芒果保花保果期　芒果反季节生产保花保果期都使用植物生长调节剂如赤霉酸、拉长膨大剂，赤霉酸用量为 15kg 水用 10～20mL。植物生长调节剂保花保果阶段不能超量，用量过多容易导致大量落果，进而影响果实产量和品质。

④ 芒果采收期　芒果采收期将多种植物生长调节剂和农药混用，混配不当容易灼伤果面。果农将农药和膨大剂、赤霉酸混合施用后遇到低温、阴雨天气会使芒果果面起红斑。芒果使用植物生长调节剂过量，过迟采收后会发生果实催不熟、催熟不均匀和青头等药害表现。

(3) *芒果常见药害症状及其特征*　芒果表皮常见的药害斑点有褐斑、网斑等。发生药害后，首先在果尖滴水点出现失绿状的褐斑，随后在果肩表皮上出现分布没有规律的小斑点，危害程度有轻有重。一般喷药后 1d 左右的时间即可显示出症状，整个果园发生药害的时间点很一致，没有前后之分。喷药果皮的正面药害发生较重，背面的较轻，而病斑通常发生普遍，果皮出现症状的部位较一致。药害与真菌性病害的斑点也不一样，药斑的大小和形状变化大，而病斑的发生有先有后，发病中心和斑点形状比较一致，持续时间较长。幼果发生药害时树体内生理变化异常，生长停滞，随时可大量落果。

(4) *芒果产生药害的应对措施*　喷药后要及时观察，趁早发现症状。开始出现药害症状时可迅速用大量清水喷洒受药害的果皮表面，反复喷洒清水 2～3 次，并增施磷钾肥，可选用 25～30mL 的多肽营养＋芸苔素内酯兑水 15kg，7d 内连喷 2～3 次。

① 施肥补救　芒果反季节生产施用杀菌剂，遇到低温、阴雨天，叶面和果面易出现斑点，发现药害后立即叶面施肥补救。

② 排灌补救　芒果反季节生产期间施用除草剂灭草，易产生药害，

应采取排灌措施补救。

③ 激素补救 芒果反季节生产在花果期，施用赤霉素和植物生长调节剂或杀菌剂，遇到不良气候易出现药害，应采用激素补救，如施用细胞分裂素，可缓解药害。

(5) 芒果常见药害

① 草甘膦药害 芒果园施用草甘膦，遇风飘散到叶面或果实，组织接触面坏死或干枯，叶片其余部分扭曲、黄化（图 5-7）。预防措施为喷施除草剂前用塑料喇叭口套住喷头，喷药时压低喷头，避免药物接触到植株叶片和果实，风大时不喷或停喷。

图 5-7 草甘膦药害初期症状（见彩图）

② 代森锰锌药害 代森锰锌里的锰离子对芒果的表皮有一定的灼伤作用，药害一般在高温强光下喷施后才会出现；代森锰锌复配赤霉酸时，用量过大也容易产生药害。海南芒果产生药害的常见时期为芒果中果期（果径 4～8cm），因为幼果皮厚，大果耐药性强，一般不会产生药害。受害部位大多在果实下部，下部积累药液多、浓度高，造成烧果（图 5-8）。

图 5-8 代森锰锌药剂在强光或低温复配赤霉酸情况下沉积在果面造成烧果（见彩图）

八、芒果缺素症

（一）缺氮（N）症

1. 症状

缺氮植株矮小，枝软叶黄，顶部嫩叶变小、变薄，转绿缓慢，只变黄绿色，无光泽，严重时叶尖和叶缘出现坏死斑点（图 5-9）。一般先发生在老叶，后嫩叶，成年树缺氮会提早开花，但是花少果小。土壤瘠薄、施肥少或不合理、杂草多等管理粗放的果园易发生缺氮症。

2. 应对措施

图 5-9　芒果缺氮症（见彩图）

根据环境可追施氮肥（叶面喷施或根部追肥）改善。砂质土果园保水保肥能力差，一般以少量多次形式追施，黏质土果园以复合肥或尿素形式补充。根据树体长势，每株 200～600g 为宜。

（二）缺磷（P）症

1. 症状

缺磷植株矮小而纤细，下部老叶的叶脉间先出现坏死的褐色斑点或红褐色的花青素沉积斑块，整片叶变黄（图 5-10）。随后整片叶带紫褐色而干枯脱落，枝条顶部抽生出的嫩叶，叶片小而略硬，两边叶缘向上卷，植株生长缓慢。严重缺磷时，树体生长停滞，分枝少，叶小，花芽分化不良，果实成熟晚，产量下降。疏松的砂壤土会出现缺磷症；酸性或含钙量高的土壤，土壤中磷素被固定成磷酸钙或磷酸铁铝，不能被果树吸收，也会表现出缺磷症。

2. 应对措施

图 5-10　芒果缺磷症（见彩图）

预防缺磷状况，可以将过磷酸钙和有机肥一起堆沤发酵，修剪后作底肥施用，这样可以预防梢期严重缺磷。芒果梢期缺磷时，可叶面喷施磷酸二氢钾缓解，但要从根本上解决问题，应主要通过土壤增加磷肥，或找出缺磷原因，并予以解决。

（三）缺钾（K）症

1. 症状

当年生的枝条中下部老叶边缘先呈枯黄色，接着呈枯焦状，叶片常发生皱缩或卷曲（图 5-11）。严重缺钾时，整个叶片会枯焦，挂在枝上，不易脱落，枝条生长不良。缺钾症后期症状会从老叶逐渐向上部叶片蔓延，枝条顶部叶片变小，叶片伸展后出现水渍状坏死或不规则黄色斑点，叶色逐渐变成黄色。缺钾果实常呈不熟的状态。细砂土、酸性土、有机质少的土壤或者在轻度缺钾土壤中，氮肥过多也易表现出缺钾症。砂质土施石灰过多，可降低钾的利用率。

图 5-11 芒果缺钾症（见彩图）

2. 应对措施

改善根际环境，促进钾离子吸收（重点）。选择土质疏松的地块建园，定植时施足基肥，定植后追施氯化钾、硫酸钾或硝酸钾。发病果园，待抽新梢后喷硫酸钾、硝酸钾、有机螯合钾或磷酸二氢钾溶液，每次抽梢喷 2 次，直到症状减轻或缓解为止。一般来说结果树钾肥的年施肥量，砂质土芒果园氯化钾以 500～600g/株为宜，黏质土芒果园以 600～700g/株为宜。

（四）缺钙（Ca）症

1. 症状

图 5-12 芒果树缺钙叶片畸形（见彩图）

我国芒果种植区主要分布在热带、亚热带地区，土壤风化和淋溶作用强烈，土壤中钙随原生矿物的分解而流失，导致土壤钙的含量较低，芒果对钙的需求量大，土壤钙的供需矛盾较为突出。当缺钙时芒果叶片呈黄绿色，且顶部叶片先黄化。严重时，老叶除了近叶尖和叶基的区域外，沿叶缘全部都带有褐色的干枯伤症，叶片卷曲、顶芽干枯、花朵萎缩（图 5-12）。芒果果实易引发日灼病、裂果、心腐病，且不耐储运。土壤酸度较高时，钙易流失，如果氮、钾、镁较多，也容易发生根系吸收拮抗作用，引发缺钙症。

有些果皮较薄的品种容易发生裂果、日灼病（图 5-13、图 5-14）。芒果缺钙容易引发芒果软鼻病，这是芒果果实的一种生理性病害。果树缺钙的原因和防治措施多且复杂，只有充分了解引起病害的环境因子或使用抗性品种，才能避免采后损失。

图 5-13 缺钙导致红象牙品种裂果（见彩图）

图 5-14 缺钙引起的果实向阳面日灼（见彩图）

2. 应对措施

根部可追施硫酸钙、硝酸钙、硝酸铵钙，叶面定期喷施糖醇钙、EDTA 螯合钙、硫酸木质素螯合钙等高效吸收钙源缓解和消除病症。

（五）缺镁（Mg）症

1. 症状

缺镁影响叶绿素合成，降低光合效率。开始老叶的叶脉间黄化，呈现出失绿症，失绿叶表现为叶脉间变为淡绿或淡黄色，呈肋骨状失绿（图 5-15），然后扩展到嫩叶；严重时从基部开始落叶。果实着色不均匀，易裂果，果树易产生大小年现象。强酸性土、强碱性土或砂质土壤中易出现这种症状，或者当钾、磷含量过多时也会抑制镁元素吸收，引发缺镁症。

图 5-15 缺镁导致叶肉失绿（见彩图）

2. 应对措施

改良土壤，在增施有机肥基础上适当施用镁盐。在酸性土壤（pH 值为 6.0 以下）中，施用石灰镁（每株 0.75～1kg）中和土壤酸度；在微酸性至碱性土壤中，可施用硫酸镁，将镁盐混合在堆肥中施用。此外，要增施有机质，在酸性土壤中适当多施石灰。也可以叶面喷施高镁叶面肥 2～3 次，有助于恢复树势，轻度缺镁，叶面喷施见效快。

（六）缺硫（S）症

1. 症状

图 5-16 芒果缺硫症（见彩图）

缺硫症状表现较晚且缓慢，缺硫叶片一老熟叶缘就开始坏死，并在 15～20d 之内变为灰褐色（图 5-16），新叶未成熟转绿就先脱落。根系易腐烂，果实香味淡、甜度降低。

2. 应对措施

根部追施含硫酸根离子水溶肥如硫酸钾、硫酸镁等，也可叶面及时补充硫元素，喷施含硫元素的叶面肥，可有效缓解上述症状。

（七）缺铁（Fe）症

1. 症状

图 5-17 芒果缺铁症（见彩图）

初期新梢叶片褪绿，呈黄白色，下部老叶较正常（图 5-17）。随着新梢生长，病情加重，全树新梢顶端嫩叶严重失绿，叶脉呈淡绿色，以致全叶变成黄白色。严重时新梢节间短，发枝力弱，花芽不饱满，严重影响植株生长、结果以及果实品质。缺铁症延续数年后，树势逐渐衰弱，树冠稀疏，最后全树死亡。在盐碱度大的土壤中较易发生，大量可溶性二价铁被转化为不溶性三价铁盐而沉淀，不能被利用。

2. 应对措施

改良土壤，增施有机肥，树下间作绿肥，以增加土壤中腐植酸含量，改善土壤结构及理化性质。对发病严重的树，发芽前可喷施 0.3%～0.5% 硫酸亚铁溶液控制病害，或用 0.05%～0.1% 的硫酸亚铁溶液注射树干，或在土壤中施用适量的螯合铁。需注意，无论是土施还是叶面喷施都不可过量，以免产生肥害。

（八）缺锰（Mn）症

1. 症状

图 5-18　芒果缺锰症（见彩图）

锰在植株体内不能被再利用，所以老叶的症状不明显，主要表现在新叶上，叶肉变黄，叶脉仍然为绿色，整张叶片形成网状，侧脉仍然保持绿色，这是缺锰症区别于其他缺素症的主要特征（图 5-18）。碱性大（pH＞7.2）的土壤使锰呈不溶解状态，容易出现缺锰现象；土壤为强酸性时，常由于锰含量过多，而造成锰中毒。春季干旱，易发生缺锰症。

2. 应对措施

缺锰时应注意改良土壤，增加土壤中有机质的含量和调节土壤的酸碱度。一般氨基酸类叶面肥都含有锰元素，叶面喷施可缓解上述症状。

（九）缺锌（Zn）症

1. 症状

缺锌症又称为“小叶病”，症状表现为新梢生长失常，顶端叶片褪绿黄化，节间缩短，畸形（图 5-19）。缺锌严重的，腋芽萌生，形成许多细弱小枝，密生成簇，后期落叶，新梢由上而下枯死（图 5-20）。土壤 pH

图 5-19　芒果缺锌症（小叶病）

图 5-20 芒果严重缺锌导致腋芽萌生，密生成簇

较高（pH 值在 6 以上），有效锌减少，易出现缺锌症；大量施用磷肥可诱发缺锌症；淋溶强烈的酸性土锌含量较低；施用石灰时极易出现缺锌现象。

2. 应对措施

增施有机肥，提高植株根系吸收能力。田间发病后，可以立即叶面喷施 0.2%的硫酸锌，或者其他含锌叶面肥，间隔 10～15d，共喷施 2～3 次，症状严重的田块需要增加用量和次数；也可以结合防治病理性病害，采用代森锌、福美锌等含锌的农药喷施。若叶面喷施不能缓解根系、枝干及新梢的后续生长，则还需要根外补充部分锌元素。

（十）缺硼（B）症

1. 症状

芒果缺硼叶脉增粗、叶畸形、顶部节间缩短（图 5-21），花器的花粉管不能正常伸长，影响授粉受精，坐果率低。幼果果实畸形，产生无胚果，果肉部分木栓化，变成僵果、无味果，呈褐黑色，出现裂果现象，严重时成熟后果肉会硬化，出现水渍状斑点，有些果肉呈海绵状，并有中空现象，但外观无任何不良迹象（图 5-22）。芒果缺硼，叶柄出容易产生裂纹，影响叶片寿命（图 5-23）。土壤瘠薄的山地、河滩砂地及砂砾地果园中，硼易流失。早春干旱和钾、氮过多时，都能造成缺硼症。石灰质较多时，土壤中的硼易被固定。

芒果缺硼容易出现黑顶病，果实发育至花生米大小，果顶组织先变黄，再变褐最后变黑。果实生长发育受阻，果顶部的黑圈不断向果实基部

图 5-21　芒果叶片缺硼小叶、畸形

图 5-22　芒果果实缺硼不能正常授粉受精形成无胚果

图 5-23　芒果叶柄缺硼木栓化、开裂（见彩图）

扩展。此病症状易与果实内部坏死症状相混淆。果实内部坏死是在果实上出现一些水浸状的浅灰色块斑，这些块斑连成黑褐色坏死区，逐渐扩展至中果皮、果肉。

2. 应对措施

增施硼肥，如叶面喷施高细度硼砂，或施用有机硼叶面肥，或土壤埋施硼砂（成年树每年施 50～100g/株）。注意避免长期频繁施用硼肥导致硼中毒，若发生硼中毒可以暂停施用硼肥，增施石灰及有机肥，使植株正常生长。

（十一）缺铜（Cu）症

1. 症状

叶片失绿，枝条顶部受害弯曲，枝条上形成斑块或者瘤状物，叶尖坏死，叶片枯萎发黑，根系也容易腐烂，易发生流胶病（图 5-24）。

图 5-24　芒果叶片缺铜失绿（见彩图）

2. 应对措施

含铜杀菌剂可以在杀菌的同时补充铜元素。补充微量元素铜，也可叶面喷施含铜的叶面肥，即可缓解症状。

（十二）缺钼（Mo）症

1. 症状

叶片易卷曲，叶脉间缺绿，严重时呈斑点状坏死，抗病力减弱，叶肉细胞糖分积累降低，抗逆性降低（图 5-25）。

图 5-25　芒果缺钼症（见彩图）

2. 应对措施

及时补充微量元素钼，也可叶面喷施含微量元素钼的叶面肥，即可缓解症状。

九、芒果软鼻病

芒果软鼻病属于生理性病害。果实受害，会出现未熟先软化的现象，形成“软鼻子”状态，果肉自腹部至顶端一带败坏，呈褐色透明水渍状软化，有苦味。该病的发生主要是缺钙所致，而且症状会随氮施用量的增加而加重，随钾、钙施用量的增加而减轻。软鼻病病果中钙元素含量明显低于健康果。其中，病果中果顶钙元素含量明显比果蒂的低。芒果软鼻病的预防主要是通过加强肥水管理，注意各营养要素的配比，不偏施氮肥，每年每株可追施硝酸钙、硝酸铵钙、硫酸钙等肥料等措施防治。

十、芒果水泡病

水泡病果实中硼元素含量明显低于健康果（图 5-26）。

图 5-26 金煌芒果水泡病（见彩图）

用 DRIS 营养诊断分析法对金煌芒两种果实生理病害水泡病与软鼻病果实进行矿物质元素诊断，结果表明：病害发生与果实中矿物质元素不平衡密切相关，与水泡病发生关系最大的是硼元素，其次是磷元素，再次是氮元素；与软鼻病发生关系最大的是钙元素，其次是硼元素。

十一、芒果露水斑病

1. 危害症状

露水斑病主要危害果实，多在采收前显症，病斑呈不规则的水渍状斑点，湿度大时病斑上常产生墨绿色的霉层，严重影响果实的外观和商品价值（图 5-27）。露水斑病一旦发生，3 d 左右就会出现大量病斑，若在收果前出现则对价格影响更大，甚至无人收购，严重影响芒果种植户经济效益。

图 5-27 芒果露水斑病（见彩图）

2. 病因

关于芒果露水斑病的发生原因，学术专家、行业人士至今并无定论，有的认为是一种细菌性病害，有的认为是生理性病害，还有的认为露水斑并非病害，而是调节剂等使用不当而产生的药害。目前还没有一个足以令各方信服的结论，但各方意见中有个共识，就是调节剂过量使用及使用不当是主因。

3. 发病规律

高温高湿小环境气候的果园，特别是管理粗放及山区或低洼处的老果园发生该病的概率最高。芒果树修剪不到位、通风透光条件差的果园，芒果表面水分难以挥发，导致病原菌容易侵袭，发病较重。该病症状首先在树冠内膛枝果实上发生，然后从树冠下面的枝条，慢慢往顶部侵染。同一个枝条上的两个果中一个果发病之后，很快另外一个也会感病。经常多次喷洒乳油类的药剂和过度使用噻苯隆等激素的果园发病率高。不同芒果品种发病情况也不同，露水斑病在台农芒果品种中发病率较高，红玉、白象牙、红金龙品种也有不同程度的发病，金煌芒果露水斑病较少，主要是水泡病。

4. 防治方法

（1）*增施有机肥以加强树势*　可在果树根部施用有益菌和有机肥，以提高树体的抗病能力。一般在幼果期，结合果后修枝，在树的根部挖沟埋有机肥和有益菌肥，可大大增强树体的抗病能力和免疫力。

（2）*加强树冠修剪，让果园通风透气*　把荫蔽的芒果枝条剪除，注意清理杂草，保持通风。

（3）*合理使用调节剂*　在芒果膨果期和雨前合理使用含硅钙类叶面肥保护果面，果实发育中后期减少乳油类药剂使用，以避免伤害果皮和破坏果粉，因其残留在芒果上，容易形成油渍状斑迹，给果皮造成伤害。

（4）*化学方法防治*　使用50%甲基托布津可湿性粉剂800倍液、25%苯醚甲环唑2000～3000倍、25%腈菌唑乳油3000～4000倍液、40%氟硅唑乳油3000～5000倍液、25%醚菌酯乳油3000～4000倍液、50%氯溴异氰尿酸可溶性粉剂1000倍液，间隔10～15d喷1次，连续均匀喷雾2～3次。

5. 注意事项

果实发育后期或大雾、露水重、降雨等天气，容易诱发该病。上述药剂同时兼防炭疽病和疮痂病，50%氯溴异氰尿酸同时兼防兼治细菌性黑斑病，可不用重复用药。

十二、芒果黑顶病

1. 症状

芒果黑顶病主要是由于大气氟污染造成的，芒果黑顶病的症状：①果实发育受阻，1个月内才长到20～50g，成为“橄榄果”，果皮变黄绿色。②小果纵切，种壳极薄，纤维结构少，种胚变黑坏死。③降雨后，果实尖端先出现露珠状透明干胶点，3～5d后即变黑褐色，果尖失水、皱缩，组织坚硬，形成黑顶病果以后大部分果实脱落。④果实不能正常黄熟，果实中部至果肩可转黄，而果尖部分仍为青色，果肉苦涩，病变腐烂，发病果皮常出现褐斑，甚至蔓延至整个果皮。

发病果园植株染病均匀，植株茎干颜色呈灰黑色，病株率100%。在红象牙品种中，染病果实发育明显受阻，质地僵硬，部分病果顶端黑腐，在黑腐的病部上常产生黑褐色或绿色霉状物，病斑近扩展前沿部呈轮纹状，完全失去商品价值。叶缘部多褪绿黄化，严重的则枯死。

2. 防治方法

在氟污染区通过果实套袋可防止芒果黑顶病的发生，获得完全正常的果实，但其机理还有待进一步研究。解决芒果黑顶病的根本措施是在大面积芒果商品生产基地附近严禁建设排氟工厂，其次是对排氟工厂进行综合治理，对氟化物进行回收；对芒果采取保护性措施，增施石灰、镁肥和硼肥，以增强树势，提高树体对氟污染的抵抗能力。

第四节　芒果虫害

一、横线尾夜蛾

1. 生物学习性及危害特点

横线尾夜蛾又称钻心虫、蛀梢蛾，属鳞翅目夜蛾科。

横线尾夜蛾主要危害芒果嫩梢及花穗。横线尾夜蛾在海南一年可发生多代，历期随季节、天气变化而变化，一般寿命38～60d，但冬季可长达110d，世代重叠，海南岛一年发生8～10代，12月至第二年1月为第一个虫口高峰期，危害花芽和嫩梢；5～6月和9～10月发生量也较大，分别危害夏梢和秋梢。花穗被害影响坐果和引起落果。以幼虫蛀食嫩梢或花穗的髓部，导致受害部位枯死，严重影响幼树生长和结果树的产量。当树上被害梢开始出现凋萎状，则表明其中老熟幼虫已爬出，而尚未出现凋萎状的被害梢中有幼虫存在。

成虫产卵于新梢下部或新梢附近的成熟叶片上下表面，少数产于嫩枝、叶柄和花序上，每头雌虫平均产卵量为250粒。幼虫大多数在上午孵化，1～2龄幼虫主要为害嫩叶叶脉和叶柄，3龄以上主要钻蛀嫩梢，一头幼虫可转移为害多个嫩梢。老熟幼虫从蛀孔中爬出而在芒果的枯烂部位、枯枝、树皮、天牛排泄物处吐丝封口化蛹，并以预蛹、蛹在这些地方越冬。

2. 防治方法

（1）人工防治　用石灰水涂刷树干，营造不利于幼虫化蛹的环境；在虫害较严重的果园，可在树干上绑扎塑料薄膜包椰糠、草把或稻草，诱集老熟幼虫入内化蛹，定期取下烧毁。

（2）生物防治　保护和增殖寄生天敌；养鸡灭虫。

（3）药剂防治　重点抓好幼虫刚孵化至三龄期前的时机施用药剂，在新梢或花穗开始萌动至新梢转绿或盛花前期定期喷药。芒果抽梢、花穗3～4cm长时进行喷药，7～8d喷1次，连喷2～3次，可保护嫩梢免遭此虫侵害。防治药剂有2%甲维·高氯氟微乳剂1000倍液，90%敌百虫、80%敌敌畏乳油800～1000倍液，20%速灭杀丁乳油、2.5%敌杀死乳油2000～3000倍液。

3. 注意事项

在傍晚或夜间观察成虫活动或产卵（老叶或嫩梢上）情况，在卵和幼虫低龄期采用化学防治，幼虫一旦钻蛀进入花穗或新梢，喷雾防治效果较差，应剪除受害的梢焚毁。

二、脊胸天牛

1. 生物学习性及危害特点

脊胸天牛属鞘翅目天牛科。在华南地区一年发生1代，跨年完成，部分两年1代。在海南，成虫出现于3～7月，4～6月是其羽化及交尾产卵高峰期。成虫羽化后在蛹室中滞留10～30d，后经排粪孔爬出。成虫羽化、交尾、产卵等活动均在夜间进行，有趋光性，白天多栖息在叶片浓密的枝条上。脊胸天牛以幼虫钻蛀芒果枝干、成虫啃食嫩枝皮部而造成危害，幼虫孵化后即蛀入枝条向主干方向钻蛀，老熟幼虫在蛀道中化蛹。被害枝干上每隔一定距离有一排粪孔，幼龄时排粪孔小而密，随着虫龄增长，排粪孔渐大且距离逐渐加大。在小枝条的孔洞外黏附有疏松的黄白色粒状虫粪及木屑；大枝干或主干排粪孔外及下方的叶片上或地上存在新鲜、凝结成块的混着黑色黏稠树体分泌物及木屑的虫粪，是此虫存在的重要标志。幼虫钻蛀的方向因钻蛀部位不同而异，在小枝条里，沿树枝中心向下延伸；在大枝干里，常靠边材钻蛀；如枝条侧斜，其隧道及排粪孔常在下方；若枝干竖直，则各个方向均可被蛀害。不论隧道在枝干上的方向如何，其排粪的分支隧道一定是向下倾斜的，以利于排粪和防雨水侵入。

2. 防治方法

（1）*修枝整形*　一般的病虫枝剪去即可，对破坏严重的枝组，可在收果后进行重修剪，将病虫、老弱枝条全部锯除销毁，培养新树冠。

（2）*物理防治*　可用捕虫网捕杀，或用铁线穿刺孔道钩杀幼虫。

（3）*药物防治*　使用注射器注射辛硫磷或敌敌畏到虫道，注入药液后封住洞口，防止药液挥发或流失。

三、扁喙叶蝉

1. 生物学习性及危害特点

危害芒果的叶蝉种类有扁喙叶蝉、黑颜单突叶蝉、大红叶蝉等，最常见的是扁喙叶蝉。扁喙叶蝉完成一个世代历期 19～67d，成虫寿命 10～116d，在海南每年繁衍 8 代，田间世代重叠。扁喙叶蝉成虫多栖息于叶片背面和枝条上，遇惊迅速跳跃或横向爬行逃逸。成虫羽化后 8～34d 开始交尾。卵产于嫩芽、嫩梢、嫩叶中脉、花、花梗的组织内，数粒或 10 多粒连成一片，每头雌虫产卵 150～200 粒。若虫 4 龄，初孵幼虫具有群集性。虫口的发生与嫩梢关系密切，暴发时间基本与抽梢、抽花穗的时间同步，每年 3～5 月和 8～10 月为盛发期。该虫在枝叶或树皮缝中越冬。该虫除为害芒果外，还同时为害龙眼等果树。扁喙叶蝉以若虫、成虫群集刺吸芒果幼芽、嫩梢、花穗和果实汁液，主要造成叶片萎缩、畸形，导致落花落果，同时分泌蜜露，诱发煤烟病。

2. 防治方法

成虫有趋光性，卵和若虫的发生量与嫩梢的发育密切相关，发生时间基本与抽梢、抽花穗的时间同步。在抽梢期、开花前和花期监测叶蝉虫情非常重要，一般查看花序和新梢上的成虫和若虫。种群密度大时，可以听见一种特殊的沙沙声，至少每周监测 1 次。每花序 5 只或每新梢 10 只害虫，或 8%新梢、果柄受害，立即采取化学防治措施。

（1）农业防治　增施钾、钙、磷肥以促进嫩梢、花序纤维化，提高植株自身的抗虫能力。收果后应进行修枝整形，保持果园通风透光，抑制叶蝉活动。通过施用底肥、追肥提升出梢整齐度，促进叶片老熟。

（2）药剂防治　盛蕾期、幼果期、秋梢期是防治关键时期，可用 7.5%功夫·吡虫啉悬浮剂 1500 倍液、50%稻丰散乳油 1000～1500 倍液、晶体敌百虫 1000 倍液、80%敌敌畏乳油 800 倍液、20%速灭杀丁乳油或 10%高效灭百可乳油 6000～8000 倍液喷雾。

3. 注意事项

种群密度较小或分布不均匀时，挑治个别植株。上述药剂可同时兼防横线尾夜蛾、叶瘿蚊、切叶象甲和实蝇等害虫。

四、芒果叶瘿蚊

1. 生物学习性及危害特点

芒果叶瘿蚊属双翅目瘿蚊科。海南叶瘿蚊一年发生 15 代，每代历时 16～17d。每年 3～12 月均有发生，夏秋梢是其虫口高峰期。成虫有弱趋光性，但怕强光，故晴天成虫大多躲在树冠的隐蔽处。幼虫孵化时间主要在下午，随后咬破嫩叶表皮钻进叶内取食叶肉，引起水烫状点斑，随幼虫长大，形成小瘤状虫瘿，一片叶上最多可达几十个虫瘿。

以幼虫危害嫩梢、嫩叶。幼虫咬破嫩叶表皮钻入叶内取食叶肉，被害处呈浅黄色斑点，进而变为灰白色，最后变为褐色而穿孔破裂，易与炭疽病症状混淆。严重时，叶片呈不规则的网状破裂、卷曲，枯萎脱落以致梢枯、树冠生长不良。危害高峰期植株新梢被害率高达 100%。

2. 防治方法

（1）农业防治　注意修剪树冠，保持果园内通风透光；根部或叶面及时追肥，促进叶片老熟。

（2）药剂防治　在新梢抽出期，用 20%杀灭菊酯乳油或 2.5%敌杀死乳油 2000～3000 倍液喷新梢及树冠，每批梢喷 2～3 次。

五、芒果蚜虫

1. 生物学习性及危害特点

为害芒果的蚜虫有芒果蚜、柑橘二叉蚜和棉蚜 3 种。芒果蚜一年发生多代，田间世代重叠，其成虫、若虫具有明显的趋嫩性。芒果蚜繁殖最适温度为 16～24℃。柑橘二叉蚜一年发生约 10 代，25℃时对其繁殖最有利，枝叶老化时产生有翅蚜迁移至其他植株上（图 5-28）。棉蚜在气温较低的早春和晚秋完成一个世代需要 19～20d，在夏季温暖的条件下只需要 4～5d，芒果种植区一年发生约 20 代棉蚜，每个雌蚜可产若蚜 60 余头，16～22℃是其繁殖的最适温度。干旱、干燥气候适于蚜虫的发生，以成虫、若虫群集于嫩叶、嫩梢、花穗和幼果果柄刺吸组织汁液，引起卷叶、枯梢、落花落果，影响新梢伸长，严重时导致新梢枯死。同时还分泌蜜露，诱发煤烟病。

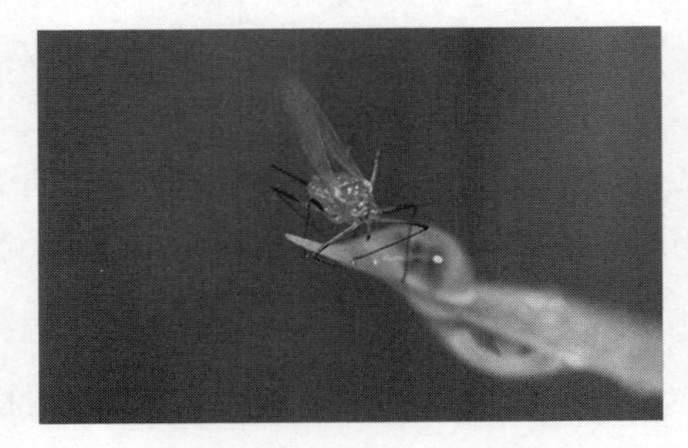

图 5-28　有翅蚜虫（见彩图）

2. 防治方法

（1）天敌防治　蚜虫的天敌有瓢虫、食蚜蝇、草蛉、蜘蛛、步行甲等，施药时选用选择性较强的农药，尽量避免杀伤天敌。

（2）药剂防治　蚜虫大量发生期可用 50％抗蚜威可湿性粉剂或 2.5％功夫菊酯 3000 倍液叶面喷施，施药次数为 2～3 次，施药间隔 7～10d，注意药剂的轮换使用。蚜虫大量发生时，可用抗蚜威、吡虫啉、阿维菌素、敌杀死等菊酯类等药剂灭杀。

六、芒果蓟马类

1. 生物学习性及危害特点

蓟马，属缨翅目蓟马科，在海南芒果上主要有 9 种蓟马为害，分别为茶黄硬蓟马、黄胸蓟马、褐蓟马、威岛蓟马、红带滑胸针蓟马、温室蓟马、腹突皱针蓟马、丽色皱针蓟马和华简管蓟马。黄华（2018）调研发现茶黄硬蓟马为海南各县、市危害芒果的蓟马类的绝对优势种，占所采集鉴定蓟马种类的75.51%，以若虫、成虫在嫩梢、嫩叶叶背吸食组织汁液（图5-29）。茶黄硬蓟马一年发生多代，世代重叠，冬季以卵、成虫为主。若虫在早、晚和阴天多在叶面活动，晴天阳光直射时则在叶背。老熟若虫多群集在被害叶或附近叶片背凹处，或瘿螨毛毡部，或蛛网下，或叶片相叠处化蛹。成虫一般爬行，受惊扰时可弹飞，能孤雌生殖，卵散产。在一年抽梢次数多且发梢不整齐或有冬梢的果园，危害较严重；春秋干旱，危害严重；高温干旱天气，蓟马危害严重。

图5-29 蓟马若虫（见彩图）

蓟马会对芒果的幼果、嫩叶、花穗造成破坏（图5-30）。早期蓟马幼虫会啃食嫩叶，长大后会对芒果树汁液进行大量吸取，若不加控制，芒果树的嫩叶、幼果外表会逐渐变色、木栓化，最终无法正常生长。蓟马幼虫与成虫通常在每天的清晨与傍晚开始活动，破坏果实与叶面。经观察发现，每年中芒果花期与嫩叶期或天气较为干燥的季节是蓟马虫害高发时段。若当年天气干旱时节存在时间相对较长，则蓟马产生的危害将会成倍增加。

图5-30 蓟马危害芒果幼果（见彩图）

2. 防治方法

芒果蓟马的防治主要分为嫩梢期和幼果期两个阶段。嫩梢期蓟马危害多发生在嫩叶转绿老熟前的阶段，受天气影响蓟马防控频率有所差异。海南蓟马防治，梢期和幼果期有所差异，梢期用药一般范围较广，进入果期则需注意药剂对果实的安全性和农残问题。芒果梢期考虑经济成本和速效性，种植户多选择乳油类药剂，以有机磷类为主，如啶虫脒、吡虫啉、仲丁威等；进入果期，由于乳油类杀虫剂渗透性较强，果农一般不使用，一般以悬浮剂为主，如甲氨基·阿维菌素·苯甲酸盐复配剂、噻虫嗪、虫螨腈、唑虫酰胺、烯啶虫胺等。

芒果蓟马防治的关键时期为芒果谢花至小果期，因为这个时期田间蓟马的虫口数量极大，也是蓟马全年的发生高峰期。尽管上述药剂的速效性良好，但相对于每花穗5～10头蓟马成虫密度相对较低时即可对芒果幼果表面造成缺刻的危害虫情，70%左右的防治效果难以达到芒果种植户果品外观不受蓟马危害的生产需求。因此，生产上芒果种植户往往不断增加用药量、加大用药频次或多种药剂混用，造成田间用药量不断增加、防治成本越来越高、蓟马潜在耐药性风险不断加大等问题。

面对当前芒果蓟马的防控现状，在进行芒果蓟马防控时，除在防治关键时期，特别是谢花3/4左右至果实黄豆大小的这段时间，交替选用上述速效性较好的药剂外，还需结合芒果蓟马发生危害的特点，综合使用以下措施：

（1）蓟马寄主种类多，除芒果外，果园中的飞扬草、青葙、胜红蓟等杂草及果园周边的其他果树、蔬菜等均为其寄主；在果园内及周边不种植茄子等寄主蔬菜，在芒果花期前消除果园内胜红蓟等寄主杂草或在植株下选种薄荷等一些对蓟马有驱避作用的覆盖植物；施药时，除果树上喷施外，树下杂草也应同时喷药防治。

（2）蓟马在田间具有转移性，其转移受寄主花期影响，可在同一地块不同寄主、不同地块不同寄主或同一寄主间相互转移，进行药剂防治时，在同一区域，物候相对一致的地块应实行统防统治。

（3）生物防治。蓟马的天敌包括寄生性和捕食性两大类。捕食性天敌有蜘蛛类、瓢虫、花蝽等，寄生性天敌有缨小蜂、赤眼蜂、黑卵蜂等。生物防治可以大大减少对环境的污染，保持生态平衡，减少财政的支出。

（4）在果园行间按黄板：蓝板＝1∶1悬挂诱虫板诱杀蓟马，所诱集到的芒果蓟马复合种群数量与挂板高度相关。

（5）化学防治。用10%吡虫啉2000～3000倍液，1.8%阿维虫清2000～3000倍液，20%啶虫脒10000倍液，2.5%多杀菌素或乙基多杀菌素悬浮剂1000～1500倍液，或5%烯啶虫胺水剂、4%阿维·啶虫脒乳油或1.5%甲维盐乳油1000倍液等进行喷雾防治，也可以采取高效氯氰菊酯＋多杀菌素等混合使用。若虫老熟后，常由树上转向表土化蛹。因此，除了树上喷药外，地面也要撒施毒土或喷施药液，以直接杀死虫蛹和转移到地面的若虫及羽化的成虫。

(6) 叶面营养和根部水肥促进叶片老熟、果实快速膨大，也可有效减少蓟马危害、用药频率和成本。含氨基酸类、海藻酸类、腐植酸类叶面肥可有效缓解蓟马危害造成的果面肿包，在幼果期喷施含钙叶面肥可强壮果肉细胞和提升果皮硬度，减轻蓟马危害程度。

3. 注意事项

芒果花瓣变褐干枯后，及时摇花，以破坏蓟马隐藏、取食场所，方便喷药；及时摘除花期抽生的新梢；蓟马喜欢成群栖息在嫩叶叶背，抽生的新梢要及时摘除，减少虫源。蓟马怕强光，田间迁飞扩散快，应选择在下午 3 点后喷药；阴天或大风后，应立即喷药或增加喷药次数，迅速降低虫口密度，减轻危害。

七、白蛾蜡蝉

1. 生物学习性及危害特点

白蛾蜡蝉中文异名白鸡、白翅蜡蝉、紫络蛾蜡蝉。属同翅目蛾蜡蝉科。白蛾蜡蝉一年发生 2 代，第一和第二代若虫发生高峰期分别在 4～5 月和 7～8 月，成虫高峰期分别在 6～7 月和 9～10 月。此虫以成虫在茂密的枝条中越冬。成虫产卵于嫩梢叶柄组织内，呈长方形卵块，平均每头雌虫产卵 200 粒左右，产卵处微隆起。若虫、成虫善跳跃，遇惊迅速跳跃或飞逃，栖息处附有大量白色蜡丝。生长茂密、通风透光差的果园，通风透光差的树冠内膛，在夏秋季遇上阴雨天气等，均有利于该虫为害。

危害芒果的蜡蝉有近十种，其中主要的有白蛾蜡蝉、青蛾蜡蝉、碧蛾蜡蝉、八点广翅蜡蝉等。白蛾蜡蝉以成虫、若虫群集于较隐蔽的枝条、嫩梢、花穗上吸食汁液，成虫刺伤枝条产卵，被害处附有许多白色棉絮状的蜡质物，其排泄物可引起煤烟病，影响树势，降低果实商品价值，严重时造成落果或品质变劣。

2. 防治方法

(1) *农业防治*　通过整形修剪，使树体通风透光，不利于害虫繁殖。剪除虫、卵枝，减少虫源。

(2) *药剂防治*　在若虫低龄期、成虫盛发期、成虫产卵初期进行药剂防治，可选用噻虫嗪、菊酯类、敌百虫等灭杀。

八、芒果介壳虫类

1. 生物学习性及危害特点

在芒果上发生危害的介壳虫达40多种（图5-31），重要的种类有黑褐圆盾蚧、芒果软蚧、绿绵蜡蚧、柑橘粉蚧、棘粉蚧、矢尖蚧、角蜡蚧等，广东、海南芒果产区首要有椰圆盾蚧。芒果介壳虫发育历经卵、若虫、成虫三个阶段，雄性在若虫后还经预蛹和蛹阶段。初孵若虫具有爬行活动能力，可通过其爬行或风的作用而在植株间和植株上不同部位扩散。

图5-31　介壳虫危害（见彩图）

（1）黑褐圆盾蚧在海南、广东等地每年发生约6代，成虫需交配后产卵，每头雌虫可产卵400粒，卵产于成虫介壳下，孵化后爬行扩散，可在短时间内猖獗为害。一次脱皮后固定取食，黑褐圆盾蚧的发生与蚜小蜂、跳小蜂等天敌关系密切。

（2）椰圆盾蚧在华南地区每年发生7～12代，每头雌虫可产卵150多粒，除为害芒果外，还为害柑橘、香蕉、椰子、木瓜、可可等多种热带果树、热带作物。田间天敌密度对椰圆盾蚧发生有重要影响。

（3）矢尖蚧每年发生4代，世代重叠。卵产于介壳下，每头雌虫产卵130～190粒，若虫孵化后爬行寻觅合适的部位，蜕皮后固定取食。并分泌白色蜡质于虫体上呈纵脊状。

盾蚧以若虫和雌成虫群栖于叶背或枝梢茎上，或附着于叶背、枝条或果实表面，刺吸组织中的汁液，被害叶片正面呈黄色不规则的斑纹或叶片卷曲，叶片枯黄脱落。新梢生长停滞或枯死，树势衰弱。芒果介壳虫主要为害枝梢、叶片和果实，吸食组织汁液，同时虫体固着在果皮上造成虫斑，并分泌大量蜜露和蜡类，诱发煤烟病，影响光合作用及果实外观。

2. 防治方法

（1）农业防治　保持果园、植株通风透光，及时剪除受害严重的叶片和小果。

（2）药剂防治　石硫合剂清园，石硫合剂能通过腐蚀椰圆盾蚧的壳杀死害虫。根据虫情及时施药，在幼蚧初发盛期，尤其是在一龄若虫抗药力最弱时施药，施药间隔一般为7～10d，连施2～3次。还可用40%速扑杀乳油喷雾。

九、芒果切叶象甲

1. 生物学习性及危害特点

芒果切叶象甲，中文异名切叶象甲、切叶虎等，属鞘翅目象甲科。芒果切叶象甲完成一个世代需要30～50d，在海南一年发生9代，田间世代重叠。在嫩梢期，雌成虫在嫩叶上取食，并在叶背主脉两侧产卵，每个叶片上的产卵量为10～20粒，产卵后，成虫从靠近叶片基部位置平整切断叶片，使带卵叶片落地，卵经2～3d后孵化，幼虫孵化后由主脉向两侧叶肉潜食，6～8d后爬出入表土化蛹，蛹期7～18d。此虫以老熟幼虫在土中越冬，次年春季羽化为成虫，成虫出土为害嫩梢，成虫具向上性、趋嫩性、群集性，若遇惊扰即假死落地或飞逃。

温度、土壤湿度和嫩梢情况是影响此虫发生的主要因素。高温条件使落地带卵叶片迅速萎蔫可造成卵和幼虫大量死亡；土壤含水量在10%～30%有利于入土幼虫存活；果园抽梢不整齐，梢期持续时间长有利于该虫发生；年初气温回升快，芒果树春梢嫩叶抽生早，该虫为害亦早，反之则迟。

芒果切叶象甲主要为害嫩叶，以成虫咬食叶片和剪切叶片而造成危害。成虫咬食嫩叶上表皮，使叶片卷缩、干枯，雌成虫还在嫩叶上产卵，然后在近叶片基部横向咬断，使带卵部分落地，留下剪刀状的叶基部。危害严重的几乎整株嫩叶全部被切断，严重影响植物正常生长。

2. 防治方法

（1）农业防治　结合除草、施肥，翻耕园土，破坏化蛹场所；收集、烧毁带有病、虫卵的枝叶。

（2）药剂防治　新梢长出嫩叶5d开始喷药，杀死幼虫，早上10点和下午 4 点振动树枝，若发现有成虫起飞，需用菊酯类药剂防治。海南地区每年修剪后，第一、第二蓬梢，嫩叶期，选用敌敌畏、辛硫磷等拌制成有效成分含量为 0.3%～0.5%的毒土在植株树冠下滴水线范围内撒施，300～450kg/hm^2。喷药杀死成虫，用 90%晶体敌百虫或 80%敌敌畏乳油 800～1000 倍液，或 20%速灭杀丁或 2.5%敌杀死 2000～2500 倍液。

3. 注意事项

在成虫活动期采取化学药剂喷雾防治措施。

十、橘小实蝇

1. 生物学习性及危害特点

中文异名柑橘小实蝇、东方实蝇、黄苍蝇，隶属双翅目实蝇科离腹寡毛实蝇属。橘小实蝇的世代历期在不同的地区有较大差异，一般卵期 1～3d，幼虫期 9～35d，蛹期 7～14d，成虫羽化后需经 10～30d 取食补充营养才开始交尾产卵。在我国多数芒果种植区，一年发生 5～6 代，田间世代重叠。海南每年发生 9～10 代，雌虫选择黄熟的果实产卵于果皮内，每处产卵 5～10 粒，每只雌虫产卵量 160～200 粒。孵化后幼虫在果肉内蛀食为害，老熟幼虫入土化蛹。成虫喜食带有酸甜味的物质，夜间喜聚在树冠内。早春高温干旱、夏季相对少雨有利于该虫大量发生。

橘小实蝇主要危害寄主果实，以成虫产卵在将成熟的果实表皮内，孵化后的幼虫在果中取食果肉，引起果肉腐烂，失去食用价值。切开受害果，里面腐烂，常有恶臭的味道，可见白色幼虫蠕动。成虫羽化交配后在果实表面形成伤口，致使果汁大量溢出，并使果实感染腐生病原菌。

2. 防治方法

(1) *农业防治*　果实膨大期清园，收集处理烂果、落地果和病果并销毁。采后及时清园，切断病虫实物传播途径。也可通过灌水，杀死土中幼虫、蛹和刚羽化的成虫。

(2) *物理防治*　金煌、红金龙、红玉等品种可根据虫情和生产需求套袋处理，预防实蝇危害，提高果实品质。

(3) *药剂防治*　选用敌百虫、敌敌畏、三氟氯氰菊酯、多杀霉素等药剂加入 1%浓度的蛋白胨或 3%浓度的红糖配制成药液喷洒树冠浓密处。使用甲基丁香酚（ME）按 10∶2 比例＋80%敌敌畏加注于诱芯。选用敌敌畏、辛硫磷等拌制成有效成分含量为 0.3%～0.5%的毒土在植株树冠下滴水线范围内撒施，用量为450kg/hm^2。利用性引诱剂或诱饵诱杀成虫。可自制害虫诱杀瓶（可选用可乐瓶，在瓶壁开5cm×5cm小孔口，把盖封紧，用铁线穿过瓶盖，在瓶内固定挂置诱芯），利用大小约5cm×5cm×0.2cm低密度的纤维或海绵或棉花为诱芯，在诱芯中加上引诱剂和杀虫剂，或用市售食物引诱剂。

3. 注意事项

实蝇寄主范围十分广泛，严重危害热带瓜果的品质和生产，应高度重视，经常巡视自家果园和周围果园的受害情况，做到统防统治，合力防控实蝇的危害。

第五节　芒果病害综合防治技术

一、加强病害调查检测工作

在一个芒果生产周期，病害通常要经历休眠—传播—侵入—潜育—发病—扩散—发展—暴发—消退—休眠这样的一个循环过程。在干旱、低温等季节或修剪后等非芒果病菌活跃期，炭疽病、白粉病、细菌性黑斑病的病原菌孢子通常都在芒果树体表面、病组织以及果园枯枝落叶、杂草上存活或暂时休眠，在温湿度适宜的情况下，才开始繁殖积累，借助风雨等媒介传播并与树体健康组织接触，经合适的途径侵入组织后，再经过一段时间的潜育后表现出症状，这时病害发生处于初期阶段；如果此时温湿度等环境条件适宜且寄主易感期持续，病原菌继续积累、传播和侵染，发病率不断增加和病情不断加重，这时病害处于发展阶段；如果适宜病害发生的温湿度等环境条件和寄主易感期持续时间较长，则病害很快进入暴发期，直到环境条件不适宜发病或寄主易感期过去，病害逐渐进入衰退期，直到再次进入休眠期，等待合适的机会进入下一个循环。在掌握病害症状识别常识和发生特点的基础上，种植者需要在果园内定期巡察，了解果园中不同时期病害发展规律、阶段性特征，再根据天气和物候变化对病害发生趋势做出基本的判断，及时采取合适的防治措施控制病害的危害。

二、做好病害预防工作

任何植物病害，最好的防治方法是治“未病”，即在发病前做好预防工作；其次是“早治”，即在病害发展初期及时用药控制，避免大面积暴发；效果最差、成本最高的就是在病害暴发后采取“应急”措施大量用药治疗控制。预防可以采取清园、定期喷药等措施降低病菌种群数量，使用诱抗剂和营养施肥增加植株抗病性，喷洒保护性杀菌剂等措施。很多芒果病害的潜育期较长，等到显症时已经造成严重损失，更需要做好预防和早治工作。如芒果枝枯病，田间病残体上病原菌数量很大，病原菌常在树皮、枝条、果柄表面和内部组织中潜伏，当树体或局部组织衰弱、抗病力下降时就会突然暴发，此时采取化学防治措施往往很难有效防治。

三、根据生产过程统筹安排综合防治措施

芒果生产是连续的过程，病害发生发展也是一个动态的连续过程。因此，综合防治措施也应该根据生产周期统筹安排。尽管不同产区芒果的成熟期不同，但芒果病害发生时期与物候期变化却有很高的关联度，各产区在同一物候期常发生相同的病害。按照生产过程和果园管理环节，针对不同物候期的主要病虫害问题，建议采取如下的综合防治措施：

(1) *摘果后结合修剪清除病残体* 芒果果实采摘后，大部分产区在新梢抽生之前需要对树体进行修剪，修剪应在晴天进行，以有利于伤口的愈合和老化。结合修剪清除芒果病残枝，病原菌可以在这些病残体上继续存活和繁殖，再通过风和雨水溅射传播到新抽生的枝条、叶片、花穗和果实上引起病害。因此，剪除的病残体要集中埋藏或焚毁，以减少菌源量。有芒果畸形病的果园，要在距离发病部位至少 45cm 处剪除畸形病枝条并焚毁，并注意消毒，以免病害通过枝剪传播。

(2) *修剪后喷洒保护剂封闭伤口* 修剪所造成的伤口是枝枯病、畸形病和细菌性黑斑病等的重要侵染途径，修剪后要全园喷洒波尔多液或石硫合剂 1 次，一方面起到封闭伤口、防止病菌侵染的作用，另一方面可消除或减少树体表面的病原菌数量。上个生产季节细菌性黑斑病严重的果园，还须在新梢抽生前采用氢氧化铜、氧氯化铜或硫酸铜等铜制剂喷雾 1～2 次，以进一步清除菌源。对于局部严重流胶和发生枝枯病的植株，要用工具刮除病皮甚至部分木质部，再用波尔多液等涂封伤口。

(3) *抽梢期加强对嫩梢、嫩叶的保护* 修剪后应加强肥水管理，促进整齐抽梢，特别是要增施有机肥、补充氮磷钾基础营养，定期喷施叶面肥和多效唑，以促进新梢老化和控旺，提高植株抗病性。定期喷施保护性杀

菌剂防病，台风暴雨后，更须加强对细菌性黑斑病和枝枯病的防治。蓟马、象甲、介壳虫、叶瘿蚊和叶蝉是梢期主要虫害，应定期检查虫情，喷药防治。

（4）*开花至幼果期保花护果措施*　开花至幼果期是白粉病、炭疽病和细菌性黑斑病的易感期和暴发期。要统一催花，促进开花整齐；催花时要注意生长调节剂的使用浓度和频次，避免花穗经久不谢诱发白粉病，或谢花后聚集成团不掉而使病菌孢子在此大量繁殖；摘除畸形病花穗并烧毁；对于发生枝枯病和树干流胶严重的植株，应再次重剪和涂封伤口，并做好营养管理以增强树势。根据病虫害调查监测结果，使用杀虫、杀菌剂重点防治蓟马、炭疽病、白粉病和细菌性黑斑病。在发生初期，根据病情于初花期和花末期，筛选苯醚甲环唑、三唑酮、甲基硫菌灵、嘧菌酯、戊唑醇、己唑醇和烯唑醇等治疗剂与代森锰锌等保护剂联合用药。对于湿度大、细菌性黑斑病发生严重的果园，可以选择中生菌素、农用链霉素、氧氯化铜、氢氧化铜、春雷霉素、噻菌铜和喹啉铜复配防治。对于发生白粉病的果园，也可以喷洒乙蒜素或者0.2%磷酸二氢钾等防治。根据天气和病害发生情况，在持续潮湿的天气，适当增加化学防治频次。

（5）*果实发育中期的护果措施*　叶片喷雾补充钾、钙、硼肥，以提高果实抗病性，结合多肽类营养提升果皮细腻度，同时提高寄主抗病性；清理果园覆盖植物尤其是恶性杂草（注意除草剂飘移），清除病残果、落果并集中处理，减少侵染源；及时套袋护果。根据调查监测结果，重点做好炭疽病、细菌性黑斑病和露水斑病的化学防治工作。

目前部分芒果主产区化学农药的使用频次越来越高，但病虫害却越来越猖獗，片面依赖和大量不合理使用化学农药，不但增加了防治成本，也增加了环境污染和果品质量安全隐患。国内外的芒果病害防治实践均表明，化学农药并不是解决病害问题的唯一有效措施，在做好果园栽培管理的基础上，协调运用包括生物防治、物理防治和化学防治等在内的综合防治策略，才是今后芒果病虫害可持续控制的出路。

第六章　反季节芒果生产中主要问题及解决方案

第一节　反季节芒果生产花果期问题

一、问题梳理

1. 催花冲梢，出花不整齐

催花冲梢多发生在9月份，该阶段天气高温高湿，芒果生长点容易分化为叶芽（图6-1）。果农为了提早上市，大量使用催花药剂如硝酸钾、硝酸铵钙、细胞分裂素、氨基酸、多肽、磷酸二氢钾、硼肥等，以达到打破芽点休眠、促进出花的目的。早花催花天气情况多变，出花最快的台农芒果，也至少需要5d的时间。若催花用药后5d内出现昼夜高温或连续降雨天气，容易出现冲梢情况，导致催花失败。另外一种情况是：进入早花催花阶段，由于前期出梢不整齐，叶片老化程度不均等，树体内源激素紊乱，催花用药后，出花不整齐，部分是花，部分是梢，早花出花率在30%以下，管理价值不高（图6-2）。

图6-1　催花冲梢（见彩图）

图6-2　出花不整齐（见彩图）

2. 团花

芒果团花出现的主要原因是前期多效唑的过量使用、管理不善导致的树体内源激素紊乱，从而使花序过短，影响下阶段花果管理（图 6-3）。

图 6-3　芒果团花（见彩图）

3. 枝条爆花、爆芽

枝条爆花、爆芽是在反季节芒果生产中大量使用噻苯隆导致的，由于果农想要提升催花效率和整齐度，过量喷施噻苯隆，激活节间休眠细胞，使之出现生理分化和形态分化，导致节间部位大量爆芽、爆花，严重消耗树体营养（图 6-4）。

4. 花枝褪白、养分不足

以台农一号芒果最甚，出花整齐度高，大量消耗树体营养，进入扬花阶段，因养分不足导致花枝迅速褪白，出现谢花空枝（图 6-5）。

图 6-4　噻苯隆过量使用导致节间爆芽、爆花（见彩图）

图 6-5　养分不足导致花枝褪白（见彩图）

5. 吹干风导致空秆

扬花期吹干风，花蕾水分流失，花粉无法正常萌发进行授粉受精，最后导致谢花空枝（图 6-6）。

图 6-6　扬花期吹干风导致空枝（见彩图）

6. 生理落果严重

芒果生理落果的原因包括授粉受精不良、营养不足、内源激素紊乱和病虫害。生理落果主要发生在小果期和中果期两个阶段（图 6-7、图 6-8）。

图 6-7　小果期生理落果

图 6-8　中果期生理落果（见彩图）

二、原因总结

芒果花果期的问题可以归结为以下四个方面的原因：

1. 气候

低温、干风、阴雨、台风：低温、干风影响芒果花序发育、授粉受精；台风、阴雨则容易引发脱壳、冲梢、沤花、断花，急性炭疽病和细菌性角斑病。

2. 生理

花不出、催花不齐、脱壳、冲梢：花不出、催花不齐主要由于树体本身营养积累不足或老化程度不均等造成；脱壳、冲梢多由于高温高湿气候导致芒果树体不具备成花激素条件。

3. 营养

反季节芒果生产花果期树体营养不足，容易引发大量的生理落果。

4. 病害

急性炭疽病、细菌性角斑病、露水斑病是芒果生产面临的主要病害，急性炭疽病和细菌性角斑病多发于台风季节和高温高湿天气，露水斑病的发病与阴雨天气、树势郁闭、调节剂的过量使用和中微量元素的缺乏有关。

第二节　芒果催花技术

一、反季节芒果催花基本条件

芒果的早花催花是反季节芒果生产作业中最难的环节，一是能否催出花来；二是催花的出花率。成功催花需具备三个条件：营养积累、激素水平和气候条件。

1. 营养积累

营养积累包括树体本身干物质积累情况和外源营养补充两个层面，从树体来看主要指新梢叶片的老化程度，这与芒果两蓬梢接受的光照时长有关，光照时间越长，干物质积累越充分，越有利于催花作业。5 个月以上的光照时间，能使芒果叶片积累足够的干物质，结合叶面控梢，叶片的生长方向从向前生长转为向后生长，对角叶片夹角从 100°逐渐扩大至 180°以上（图 6-9）。

图 6-9　成花态芒果叶片向后生长（见彩图）

外源营养补充指在催花作业

中的叶面营养补充，为反季节早果生产的花芽分化和成花提供有机营养和矿物质营养，促进C/N比、C/K比变化，主要包括磷、钾、氨基酸、多肽、海藻酸、微量元素等。

2. 激素水平

在早花催花阶段，有农户将乙烯利添加到催花方案中，一方面控制冲梢，另一方面调节树体内源激素平衡，提升细胞分裂素、乙烯、脱落酸水平，降低生长素和赤霉素水平，使树体内源激素转化到出花态。

3. 气候条件

反季节芒果催花作业需要适度的低温，特别是早花，昼夜温差大更有利于催花，白天干燥、温度低于28℃，夜间温度15℃，有露水条件成花概率较高。催花阶段遇到阴雨天气容易冲梢或脱壳，所以一般干燥天气较好，最好是适度阴天但不降雨。根据果农经验，白露以后的催花成功率更高，该阶段昼夜温差大，会有露水滋润生长点，更有利于催花（图6-10）。

图6-10　台农芒果出早花前芽点饱满、流胶（见彩图）

反季节芒果生产早花催花作业，需要结合营养积累、激素水平的平衡和适宜的气候条件才能有较高的成花率。多数果农对树体营养积累和调控激素水平比较有经验，但早花催花阶段多高温高湿天气，从气候条件上讲很难催花成功。多数早花催花失败原因在于催花时遇到降雨或催花过程中遇到连续阴雨天气，雨水冲刷了药液，并改变树体内源激素平衡。因为芒果的成花一般需要5～14d的时间，想要保证在这么长的时间内没有降雨是非常困难的。

二、海南反季节芒果催花——台农一号芒果

海南主栽的芒果品种为“台农一号”，花序呈圆锥形，3级分枝，较紧密，花序轴为红色。台农芒果成花受树体营养积累、气候、催花配方和用药时长影响较大，因此催花用药前科学评估果树生长情况，精准用药才能将花有效地催出来。

1. 树体的营养积累

树势是果树开花的营养基础，芒果的树势指的是开花前果树的长势和营养积累状况。台农品种本身树势壮旺，但经过十几年的商品化生产，整体树势偏弱。加之海南生产台农芒果一般只留两蓬梢，所以树势衰弱的情况愈加严重，这也是最近几年催花困难的难点之一。无论什么芒果品种催花，良好的树势是成花的营养基础，台农品种催花对树势的要求是最低的。无论是出两蓬梢还是一蓬梢或者三蓬梢，只要出梢的整齐度一致，叶片老化程度足够，台农品种一般都能催出花。一般芒果叶片的老化，可以通过观察叶片和梢的夹角来判断，一般嫩梢叶片和枝条的夹角为30°～90°。随着叶片不断地进行光合作用，嫩叶里的水分不断减少，碳水化合物等干物质合成增加，导致叶片越来越重，从而使叶片和枝条的夹角不断扩大，当扩大到120°以上时，可基本视为叶片老化。但果树整体的老化则要根据整体枝条的老化程度来判断，因为有些梢出得不齐，在部分枝条叶片老熟，部分枝条叶片干物质积累不足的情况下，树体内源激素紊乱，催花困难很大，即便强行催花，整齐度也不理想，会降低商品价值。影响树体老化的因素包括整形修剪、肥水、光照时间。

（1）整形修剪　有经验的果农都懂得，中庸树势是最好的挂果树势，但仍旧有很多果园不懂或不精通修枝整形技术，导致果树徒长枝过旺，影响了树体内源激素的平衡，不仅控梢难度大，催花成功率也很低。在海南特别是东方一带的果园，树形差导致开花质量差的占到50%以上。台农芒果一般在地上部30～60cm高时即开始逐步进行整形修剪，小树一般一年留一蓬梢，其余都剪掉。树形采用“开心形”，三条主枝，结果枝的选择以“去强去弱”的原则开展。成年树体，每年摘完果都要剪去一蓬半梢，重新放梢挂果。芒果叶片的寿命在18个月左右，强行留叶挂果不仅病害多，而且对树势伤害极大，对来年的催花影响也较大。

（2）肥水　精准的肥水供应可以促进芒果叶片的老化，在雨水充足的情况下，台农树一般不需追水肥，但修枝前后沟施有机肥和复合肥对于采后树势恢复非常有必要。一般施肥在树冠滴水线沟施，有机肥要发酵腐熟，复合肥选择缓释型（$N-P_2O_5-K_2O$：15-15-15）或者高氮高钾的都可以。

（3）光照时间　正常情况下，两蓬梢出齐需要60d的时间，90d才能充分老熟。按海南春夏季每天12h的光照时间算，充分老化需要的光照时间约为12h×150d=1800h。

2. 气候

均等树势情况下，不同的台农果园出花率将受到气候如温度、降雨、节气的影响。海南地区白天的温度都较高，因此温度对芒果成花的影响主要指夜间温度、昼夜温差。一般夜间温度能够降至25℃以下，持续5d以上，即具备较好的成花温度。海南芒果的成花主要发生在秋冬季节，因此本篇只讨论秋冬季影响催花的节气。节气对芒果出花的影响主要发生在秋冬梢的两个时间节点，避开立秋、立冬前后7d时间，一般都能获得比较好的成花效果。多年的生产经验表明：在立秋、立冬节点进行芒果催花作业的果园多发生出梢的现象。

3. 芒果成花周期

一般台农品种不需“调花”作业，叶片充分老化，气候适宜即可催花。一般从催花到成花所需时间在5d左右，第一趟催花用药量最大，第二趟、第三趟补催要在5d内用药。用药的浓度和喷药当天天气对成花影响较大。催花所需药剂一般包括：硝酸钾、硝酸钙、细胞分裂素、高磷高钾药剂、氨基酸、硼元素药剂等。一般催早花需要加乙烯利，不能喷叶背，不然可能会导致大量落叶。

三、海南反季节芒果催花——贵妃芒果

贵妃芒果又名红金龙芒果，因其果皮红润、口感酸甜适中、果肉含水量高而出名。1997年，台商廖健雄先生到三亚创立鼎立公司，将贵妃芒果品种引入海南。经过20余年的发展，贵妃芒果品种已经遍布整个海南芒果产区，初步估计，总种植面积约在5万亩左右，其中三亚崖城一带种植面积最大、分布最集中。经过高峰期的发展，当前海南地区的贵妃芒果种植面积正出现缩小的现象，但仍有相当一部分果农专注种植贵妃芒果，主要是因为其产量高，用药相对台农、金煌较少，商品价值高，深受市场青睐。

贵妃芒果植株生长势较强，叶片厚且长达20～30cm，枝条粗壮，整体树势较强。对比台农品种，同树龄的贵妃树冠更大、单张叶片面积是台农叶片的2～4倍。贵妃芒果的花芽分化期较长，一般从催花用药到70%以上出花，至少要14d的时间。因此，贵妃催花用药技术和气候环境条件要求较台农更苛刻。贵妃品种催花对树势要求较高，首次催花失败，再重新调花催花，成功率很低或出花整齐度下降。

1. 树体营养积累

贵妃芒果在海南所有芒果品种里对树势要求最高，在中庸的树势情况下，必须要有足够多的营养枝，使树体营养积累充分。观察指标：

① 二蓬梢的整齐度　二蓬梢必须出得齐、壮。

② 叶片数量　树势较好的贵妃树形是在二蓬梢抽发完毕，叶片覆盖率高，表观上为整个枝干被叶片完全覆盖，从一侧看不到另外一侧，或者看不到主枝。

③ 辅养枝和结果枝　一般结果树辅养枝和结果枝是 1∶1 留枝，但是一个结果枝却可以从顶端抽发 1～3 条的花序。每个修剪口要长出 2～3 条辅养枝，每个辅养枝再留一条结果枝。

施肥和光照是影响树体营养积累的关键因素。

(1) *施肥方式*　贵妃芒果的施肥方式也是滴水线内 20cm 位置挖沟施肥，一般吸收根系在靠近地面深 20cm 处的位置，很多果农为了节省人力，一次挖一条 50cm 的深沟，这是不科学的，海南很多地方是砂质土，其保水保肥能力差，这样施肥导致大量的养分流失，肥效也不好。芒果的吸收根以菌根为主，因此对土壤有机质含量、含水量、透气性要求较高。

(2) *施肥配方*　贵妃芒果对树势要求高，因其树势壮旺，才能结果多，所以在施肥方面整体要比台农品种的用肥量大。有机肥豆饼、油菜枯、腐熟动物粪便、秸秆发酵物、提纯含腐植酸/氨基酸的煤炭、生物发酵料渣都可以作为肥源。多施有机肥可以培养芒果的三级根（吸收根）。复合肥在 1.5kg 左右即可，以高氮为主。

(3) *光照*　海南一般进入 3 月份以后，雨水逐渐增多，光照弱，植物光合能力下降。实践表明：在雨水过多、持续降雨的情况下，无论施肥配方如何，很多贵妃、金煌芒果树都抽不出二蓬梢。所以在出梢期，施肥后有 2 周以上的连续光照，出梢效果更好。

2. 气候

贵妃芒果花芽分化时间和成花时间长达 3～4 周。因此，在催花期，特别是早花催花，尽量选择降雨较少的时段。进入白露后至立冬前一周的时间段，是比较适合贵妃催早花的时段。正造的催花，则要选择立冬 10d 以后的冬季和雨水较少的旱季。

3. 调花、催花用药和补催

(1) *调花*　调花是指在正式用催花药前，通过使用营养配方，提早触发生长点的花芽分化机制。贵妃早花的催花，一般情况下都需要调花，这样做可以大大提高贵妃催花的成功率。一些管理较好的果园，普遍使用调花的做法，一般调花后要看到生长点开始流胶再转入施用催花方案才更有利于催花。调花涉及的营养包括高磷高钾、硼和其他一些激发花芽分化的有机营养。

(2) 催花　贵妃在催花用药配方上与台农相近，但因其出花时间长，在使用频率和次数上与台农有所差异。硝酸钾、硝酸钙、激花素等要逐步降低用量，因为如果每次都用高浓度溶液补催，不仅成本高，而且容易烧掉叶尖和生长点，影响催花成效。

四、案例：贵妃芒果催花实战技术

1. 果园背景

目标果园位于三亚育才，是一家管理多年的芒果园，2015 年以前外租给其他人管理。出于短期盈利的目的，租户在梢期并没有给果树施足够的底肥。因此，管理一年经济效益太差，芒果产量、品质都不行，之后归还土地所有者自己管理。贵妃正常催花从首次用催花药开始，一般需要 14d 时间才开始出“毛笔尖”，2016 年的催花方案与其他果园差异不大，因此出花时间也是在 14d 左右。

2. 调花

2017 年果园老板开始将技术托管给当地服务商，笔者作为技术服务人员，参与了该果园的催花工作。与之前不同，2017 年催花增加了一项调花作业，即在正式催花用药前，通过使用营养和调节剂搭配叶面肥喷施，目的是在正式催花用药前增加叶片干物质积累和矿物质营养，调整碳氮比和钾氮比，改变结果枝生长点激素水平，以触发芽点的花芽生理分化，为最终的花芽形态分化做准备。调花方案为：S-诱抗素＋磷酸二氢钾＋乙烯利＋微悬浮硼砂，叶面喷施一次，用药时间为 2017 年 10 月 4～6 日。调花时，生长点处于休眠状态，没有明显的隆起萌动状态。

3. 催花

2017 年 10 月 17 日开始催花作业，用药配方为 15kg 水＋硝酸钾 350g＋激花素 150g＋多肽类营养 20mL＋有机液硼 10mL＋高磷高钾 30g＋细胞分裂素 30mL。10 月 19 日观察有明显的生长点隆起的现象，说明花芽分化已经从生理分化进入到形态分化状态。10 月 22 日，观察到多数生长点有

"毛笔尖"出现，这说明该果园已经基本完成催花的作业（图 6-11）。

图 6-11 露出"毛笔尖"

4. 总结

常规的贵妃芒果催花作业，没有调花作业，开始就上催花药。由于催花药里面含有高浓度的硝酸钾、激花素（矿物质元素、激素混合物）等矿物质，是一种强烈的刺激性物质，用药后叶尖常常被烧干，遇到连续阴雨天气生长点容易沤烂坏死。作用强烈的催花药物，虽然有可能刺激生长点快速完成花芽生理分化和形态分化，但对贵妃这种需要足够营养积累的果树并不适用。

实验果园在 2017 年 5 月修枝后施底肥，单株施肥为进口缓释腐植酸钾 750g＋复合肥（$N-P_2O_5-K_2O$：17-17-17）1kg，经过 5 个月的生长发育和干物质积累，其形态和营养积累水平实际上已经达到催花树体的前提条件。

本次催花作业，增加了一项调花内容，药物配方相对温和，经过约 2 周的花芽生理分化过程，在催花药施用后 5d，花芽即破壳而出。这说明在贵妃芒果催花前，有效的调花作业对于后期催花比较重要。

第三节 芒果小果期急性炭疽病、角斑病暴发防控措施

芒果谢花幼果期，植株抗病性较差，用药不当或不及时容易暴发急性炭疽病和角斑病。2016 年 10 月份走访三亚某台农一号芒果基地，发现该果园出现急性炭疽病、角斑病混发情况。三亚地区近期昼夜气温 26℃/

20℃，白天光照充足，昼夜温差大，空气湿度低，受北方冷空气影响，经常会有3级以上风力，这就会增加果实表面创口和传播病菌。

一、发病症状描述

台农芒果处于幼果期，果粒有黄豆大小，发现时70%的幼果受感染。病株叶片未见感病症状，感染细菌性角斑病的幼果发病初期果面出现水渍状斑，中间有黑点，轻微流胶；随着果实的膨大和病情发展，幼果出现开裂、流胶，创口发黑、湿润等后期症状（图6-12）。急性炭疽病发病初期表现为幼果上有从里到外的淡红色晕圈，中间有小黑点；随着病情发展，发病处呈黑褐色，中间凹陷，有轮纹，上面分布有红色病菌孢子颗粒；病情发展至末期整个小果发黑、干枯脱落。

图6-12　台农幼果细菌性角斑病（见彩图）

二、用药记录

在扬花—幼果期用药成分包括春雷霉素、10%烯酰吗啉、25%吡唑醚菌酯、10%苯醚甲环唑、920、蓟马药等，具体剂量不详，用药周期为4d一次。经与种植户沟通得知，至少有3轮用药配方不够精准或剂量不够，才会导致如此严重的发病情况。

三、用药方案

发病期间，正处于谢花——幼果期，病害严重程度对比为细菌性角斑病>急性炭疽病>白粉病。在果实发病期间，使用920等调节剂会刺激果实膨大，使果肉细胞壁变薄，从而使果实抗病性下降。因此，在用药治疗过程中，须停止920的使用。强化对细菌性角斑病和急性炭疽病的防治，同时结合对白粉病的防治和对蓟马的防控。具体方案为：20％嘧菌酯8mL＋10％苯醚甲环唑8mL＋2％春雷霉素30mL＋50％烯酰吗啉10g＋18％糖醇钙20mL，通过联合用药强化治疗，3d后查看用药结果，病斑和流胶伤口基本收干，病害被及时控制住。

第四节　芒果小果低温期使用调节剂药害预防措施和解决方案

一、生产背景

进入冬季12月份以后，受北方冷空气影响，海南反季节芒果生产早果常遇连续低温阴天天气，当夜间温度低于15℃时，芒果生长停滞，果实发育受影响。果农按常温天气（光照足、温度高）用药，特别是赤霉酸和拉长膨大剂使用量较大，容易引发芒果幼果果皮被灼伤和落果，一般表现为果面起红斑和大量生理落果（图6-13、图6-14）。

图6-13　金煌芒果低温期使用920导致果皮被灼伤，起红斑（见彩图）

图6-14　生理落果过多导致的空枝

二、低温药害和生理落果的果实生理

芒果果实膨大期果肉细胞快速分裂，果皮较薄、敏感，果实发育需要

大量的营养供应。低温阴天天气，叶片光合能力下降，不能为果实发育提供足够的营养，同时果皮的抗逆性和耐药性下降，赤霉酸一类外源生长调节剂喷在果面无法被正常吸收，导致药物残留，容易引发果皮细胞脱水，灼伤果皮，部分果农忽视果实膨大期的营养供应，使幼果因营养不足而脱落。

三、预防措施和解决方案

①低温阴天情况下减少或停止赤霉酸、拉长膨大剂的使用，在光照充足、气温高于25℃时，早上9点以后，果面摸起来热热的（温度升至30℃以上）喷药膨果效果较佳且不会伤果。②加强叶面营养供应。小果膨大期应以有机营养如氨基酸、海藻酸、有机螯合钙和微量元素等稀释后颜色较淡、不含调节剂的叶面肥为主。在已经出现果面被灼伤和生理落果的情况下，富含氨基酸、多肽、芸苔素内酯的优质叶面肥可以淡化药斑，及时补充果实发育所需的营养，从而预防大量生理落果。③有条件的可在晴天根部灌水肥，每株用水量约30kg以上，建议施肥配方：高氮高钾复合肥300～500g/株＋生根液体肥20～30g/株。

第五节　海藻提取物在芒果谢花保果膨果上的应用

一、背景

目前在芒果谢花保果期应用的营养产品，以进口的氨基酸营养为主，因其能够有效地减少幼果期因营养不足而导致的大量生理落果。但美中不足的是，果实发育仍需要配合使用大量的生长调节剂，受天气影响，效果差异很大，如低温寡照条件下使用容易大量落果，而且容易出现药害。因此，寻找和完善更安全、高效的保花保果方案成为市场的潜在需求。

二、应用实验技术论证

本次使用的海藻产品源自爱尔兰，其采取低温爆裂萃取技术和生物发酵技术生产，使海藻的活性成分得以大量保存。产品含有30%的海藻酸，并含海藻多糖、甘露醇、多酚、甜菜碱等天然抗逆物质，同时含有大量的碳源有机质营养、天然细胞分裂素和赤霉素等多种植物激素成分，在理论上具备补充营养、调节生长和增强抗逆性的功能。

（1）10 月 18 日，谢花 2/3 首次用药配合其他常规药剂 2700 倍液叶面喷施，保果效果明显（图 6-15、图 6-16）。

图 6-15　对照组

图 6-16　实验组

（2）10 月 21 日再次补喷，药液稀释倍数为 2700 倍，两次用药天气均良好。10 月 24 日观察花枝红润、坐果率高、果个均匀、果实膨大很快（图 6-17）。

三、应用小结

实验效果论证海藻提取物在芒果谢花、小果期的功能效果：

① 营养补充方面　花枝依旧红润、果柄粗、果实色泽嫩绿，表明营养充足。

② 坐果率和膨果速度方面　坐果率很高，果个均匀、膨大快，比自然状态和常规补充氨基酸营养膨果速度更快。

③ 抗逆性方面　实验阶段天气良好，因此在提升果实的抗逆性方面仍需进一步证实。

图 6-17　10 月 24 日观察花枝红润、坐果率高、果个均匀、果实膨大很快

高活性海藻提取物具有补充营养和调节生长的双重功效，是可以部分替代调节剂保果的有效成分，作为补充营养物质，其优势也很明

显，更受果农青睐。

第六节　反季节芒果生产生理落果和预防技术

海南反季节芒果生产由于多年来持续开展提早生产模式，芒果的授粉受精效率严重下降。时至今日，整株商品果中，经正常授粉受精挂果的占比不到5%。受精完全的果核发育完整，果个较大，被称为“母果”。因此，海南反季节芒果挂果多以败育果为主，无种胚，果核极薄，被称为“公果”，针对败育果的保果问题衍生出一系列反季节芒果生产的保果技术。

一、反季节芒果生产生理落果的原因

1. 授粉受精不良

纵观多数有生理落果现象的果树品种，如同属无患子目的柑橘、荔枝均有2～3次生理落果，其中现果后7～15d出现的第一次生理落果，基本属于授粉受精不良造成的落果。芒果正造生产也会有授粉受精不良导致的生理落果现象，但早批的落果多属于排除败育果的自然生理选果行为，对后期生产影响不大。因为，芒果的花穗谢花后一个花穗可产生多达几十个小果粒，全部保下来是不可能的，留串果会导致树体营养不足，果实很难膨大。除非一株树开花率过低，低于30%时有些果农会保留串果，以此提高产量。但海南早造芒果的授粉受精率过低，如依靠果树自然生理选果，可能导致大量生理落果，甚至空枝。

2. 果实内源激素水平较低

芒果幼果膨大需要种胚源源不断地分泌生长素、赤霉素和细胞分裂素，这些激素需维持在一个较高的水平，才能保证果实正常的发育膨大。否则，果肉细胞在得不到生长激素供应的情况下，即会产生脱落酸和乙烯，促使果实自然脱落。

3. 营养供应不足

正常的芒果生产，果实膨大期第二次生理落果多是因营养供应不足造成的，因为随着果实的不断膨大，树体的营养只能优先供应那些生长势最好、极性最佳的果实。第二次生理落果多发生在中果期。但海南芒果生产，由于只留2蓬辅养枝，叶片合成的营养无法满足果实发育的需求，因

此营养不足导致的生理落果在整个果实生长发育期间都会发生。

4. 病虫害造成的生理落果

花期霜霉病、白粉病、炭疽病、细菌性角斑病的暴发，容易在短时间内导致大量的生理落果。霜霉病和白粉病主要发生在花期，湿度较大时病菌孢子侵染花序后，寄生在花序细胞，吸取营养，导致细胞衰弱死亡，并破坏花序的正常发育进程，使之最终无法完成授粉受精和子房膨大过程。炭疽病和细菌性角斑病可侵染花序和幼果，在高温高湿季节和台风天气容易暴发，病菌的致死性强，发病速度快，会导致花序、幼果局部或整个坏死，从而引发大量的生理落果。

5. 低温干旱造成的生理落果

果实膨大期遇到连续低于 10℃ 的天气时，刺激果实内产生大量的乙烯和脱落酸。与此同时，低温干旱导致芒果树体根系、叶片新陈代谢能力降低，营养供应不足，引发生理落果。干旱会降低土壤水含量，使根系无法吸收足够的水分、养分供应花果生长，从而导致果实内源激素失衡和营养缺乏，引发大量生理落果。

二、生理落果的预防措施

1. 病害的防控

在花期和小果期定期喷施嘧菌酯、春雷霉素、苯醚甲环唑、烯唑醇、霜脲·锰锌、代森锰锌、甲基托布津等杀菌剂，防止病害暴发。

2. 调节剂的应用

幼果期到中果期，果实需要持续地补充激素，以维持果实内生长势的平衡，一般常用赤霉素、细胞分裂素、生长素类物质。但激素在应用时必须要控制好用量和施用方法。比如在低温期施用调节剂不仅容易引发大量生理落果，而且刺激果皮，导致果皮起红斑，影响其商品性；使用 2,4-D 类调节剂，容易导致花枝不脱落，起大风时易划伤果皮；采果前用调节剂过量影响果实催熟；过量使用调节剂保果导致树体营养消耗过度，影响下造生产。

3. 水肥补充

通常比较有效的方法是根系追肥和叶面喷施结合，根系追肥以含腐植酸类、海藻酸类、氨基酸类、甲壳素类的肥料为主。叶面施肥以进口氨基酸类、海藻酸类、有机螯合高硼高钙高钾类液体肥为主。叶面施肥的优势在于叶片和果实吸收快，可快速缓解因根系吸收营养不足导致的大量生理落果，同时在干旱时及时补充水分，保持叶片活力。据粗略估计，叶面施肥时，一棵树可通过叶喷得到约 1.5～2.5kg 的水分补充，缓解干旱压力。

三、小结

芒果生理落果的原因往往是多方面造成的。因此，在预防和缓解方面要通过综合管理方式解决，并针对主要问题有针对性地用药、用肥、补水。比如小果期遇高温多雨天气，病菌孢子大量繁殖，同时叶片光合能力下降，树体内激素紊乱，应以防治急性炭疽病和细菌性角斑病为主同时补充叶面营养，但不能施用调节剂，因为调节剂在阴雨天容易引发大量生理落果。

第七节　芒果团花原因和解决方案

一、芒果团花原因

1. 多效唑抑制

通常情况下，芒果团花多出现在多效唑抑制严重的果园。多效唑是海南反季节芒果生产中普遍用于控梢的产品，果农在控梢作业中根施多效唑达到控梢目的，多效唑通过抑制根系生长，减少生长刺激物质如生长素、细胞分裂素、赤霉素等的分泌，以达到控制二蓬梢老熟、防止冲梢的目的。通常在芒果二蓬梢出 5 厘米左右时开始根部埋施、冲施和叶喷多效唑，抑制芽尖生长点的生理分化和形态分化，使叶片合成的碳水化合物和根部吸收的矿物质营养积累在一蓬梢和二蓬梢叶片中，提升树液浓度，以实现提早催花的生产目标。

海南省质量技术监督局 2009 年发布的《芒果产期调节技术规程》中，对于多效唑的规定用量如下："台农一号、红贵妃、金煌芒、红金龙等品种每米（m）树冠冠幅土施 15％多效唑可湿性粉剂 12g。"由于树体生长势差异较大，对多效唑的敏感度不同，有些树势较旺，正常的多效唑用量无法达到控梢目的；有些树势较差，正常的多效唑用量即严重影响枝条的伸长（图 6-18）。种植户在实际操作中，往往凭个人主观感觉施用多效唑，用量普遍偏重。因此，在多数果园中，普遍存在多效唑抑制芒果树生长的现象，这些树的成花便属于典型多效唑抑制成花的案例。多效唑抑制花序，侧枝无法自然伸长，围绕花枝成一团，扬花期遇阴雨天气，整个花穗连同花枝一起沤烂。

图 6-18　团花（左）和沤花（右）（见彩图）

2. 树体内源激素紊乱造成的团花

内源激素紊乱的芒果树，从表征上看，抽梢正常，一蓬、二蓬梢的长度都在 15cm 以上，且叶片较多，没有出现多效唑施用过量导致的叶片皱缩、畸形的现象，但抽出的花穗团缩畸形（图 6-19）。这种情况已经连续几年出现，有些文章反映是噻苯隆的过量使用导致团花。笔者经过仔细比对，发现某些使用噻苯隆过多，芒果节间、叶柄处都出现“爆芽”的果园也没有团花的现象。因此可以断定：噻苯隆过量并不是导致团花的主要因素。

图 6-19　台农芒果树枝梢叶片正常，但花序团在一起（见彩图）

由于目前没有科研机构针对这一问题进行生理生化分析，我们只能从生长机理和生长变化上推断：导致团花的原因是由于芒果树体内源激素紊乱。通过喷施赤霉酸类生长调节剂拉花实验表明：750～3000 倍液赤霉酸喷施能使团花花序包括主穗和侧穗伸长，说明芒果团花花序对激素敏感。从药理方面分析，芒果团花的根本成因是树体内源激素的紊乱，这与近年来反季节芒果生产中调节剂使用泛滥的现状有直接关系。

二、团花拉花应用研究

1. 拉花时间节点

团花是生产中的常见问题，但很多果农缺乏科学、有效或相对安全的解决方案。往往出现的问题如下：

（1）拉花过早　在花芽刚刚显现时便开始施用赤霉酸拉花，因为团花的花序在形态分化时便出现团缩的症状。过早应用赤霉酸拉花，可能影响花芽生理分化，特别是早花时容易引发花芽转叶芽的现象。

（2）拉花过迟或拿不准是否需要拉花　按照生产经验，正常的芒果主花序只要有15cm以上，便不用拉花作业。有些种植户对用药时间点把握不是很精准，在接近扬花时才开始用药，这种情况下拉花作业容易出现大量“公花”，即败育花，导致花而不实。

（3）正确的拉花时间点　笔者亲自验证一些拉花配方，在花序抽出3cm长时用药效果较佳（图6-20）。

图6-20　笔者验证了一些有效的拉花方案，3d帮助果农拉出花序

2. 拉花方案

（1）赤霉酸的用量　经过种植户反复的田间试验，15kg水加入5～7mL 4%的赤霉酸用量比较安全，能够将花序拉伸至正常长度。赤霉酸的用量不宜过大，否则可能影响两性花的发育和坐果。

（2）营养补充　需要拉花的芒果树，不仅有激素紊乱的情况，而且在拉花后，树体营养往往不足或不能及时转化供应花序生长，导致扬花—小果期花枝褪白和大量生理落果。因此，在拉花作业中配合营养配方的施用可及时补充花序细胞分裂、伸长所需的营养。一般配合施用氨基酸、有机水溶肥和腐植酸水溶肥，可缓解花序营养不足的症状。

第八节　低温环境芒果保花保果

一、低温对保花保果的影响

12 月以后，常有强冷空气侵袭海南芒果产区，三亚、乐东一带最低温降至十几摄氏度，山区更低。另外一条不利因素是，低温往往伴随着干风。此时海南芒果产区多数果园正处于花期、小果期，低温会延缓芒果花芽分化、形态分化的进程，并影响授粉受精和坐果，对于芒果保花保果也有不利影响。

1. 花芽生理分化和形态分化

低温干风影响下，正处于花芽分化期的芒果枝条生长点发育停滞，水分的流失也使得生长点迅速脱水，从而导致出花慢、出花不整齐，严重的甚至出现干尖、脱壳症状。

2. 花器发育和授粉受精

不良气候使得花序发育时间从 2 周延长至 1 个月不等，因为树体的新陈代谢速度减慢和细胞酶活力下降，使花序得不到足够的养分、水分供应，营养却在不断被消耗。同时低温干风使得雌蕊柱头黏液中的水分被带走，花序迅速风干，不能进行正常的授粉受精和果实发育。有研究显示：处于扬花期的台农芒果，连续吹三天干风伴随低温，不施加任何外部处理，容易出现大量落花落果和花而不实（空枝）的现象。

3. 小果保果

低温使得芒果小果内源激素的失衡更加严重，由于芒果“公果”本身不能分泌细胞分裂素、赤霉素和生长素等生长调节物质，所以用药不对或不及时容易引发大量生理落果。正常天气情况下，小果期多将赤霉素、拉长膨大剂和叶面肥配合施用保果，在补充生长激素的同时，补充果实发育所需的有机营养和矿物质营养，从而预防落果和促进果实膨大。低温期施用调节剂，叶片、果皮不能正常吸收转化，反而会刺激果实脱落，温度过低时也可能灼伤果皮。因此，在低温阴雨天气应注意保果方案的调整。

二、低温阴雨天气情况下，针对芒果不同生长阶段的保花保果方案

1. 花芽分化和形态分化期

已经完成首次催花作业的要减少或停止使用噻苯隆，以免生长点干尖或脱壳，同时补充硼、高磷高钾、多肽、海藻等营养，使生长点保持活力。

2. 花期和小果期

低温阴雨或干风天气影响时，应着重预防炭疽病和角斑病，对处于果期的芒果应减少或暂停施用调节剂。对处于花期的芒果追肥应以有机营养和含硼营养为主，防止因花枝褪白和干风影响，导致无法授粉受精。幼果期应以补充有机营养和钙素营养为主，防止因营养不足导致的大量落果。

第九节　钙肥在芒果露水斑病预防中的作用

芒果露水斑病是海南反季节芒果生产的主要病害。有关芒果露水斑病的发病机理通常被理解为病理性病害和生理性病害两种。病理研究表明：露水斑病由枝状枝孢霉引发，市面很多杀菌剂针对该靶标有一定的治疗效果。也有部分人认为芒果露水斑病属于生理性病害，与果期药肥管理有关，如 920 过度使用，会破坏果皮蜡质层，使果肉细胞壁变薄，枝条郁闭、湿度大。笔者通过生产实践观察发现：芒果露水斑病与果期钙营养缺乏有关。

钙元素是果实发育的重要元素，其构成果肉细胞壁骨架结构，稳定细胞结构和保持细胞内渗透压平衡。由于其在芒果树体内移动性差，在果实发育阶段如不能提早补充，容易发生缺钙现象。芒果果实缺钙容易引发裂果、果实水烂、空心、贮藏期短等问题。缺钙还会导致芒果果实蜡粉少，严重的甚至没有蜡粉，而芒果露水斑病多发生在果实无蜡粉的芒果上。

针对这种现象，笔者在不同果园做了系列验证试验。在台农芒果小果期—中果期，连续使用有机螯合钙 1000～1500 倍液，3～5 次。果实蜡粉上得早、果粉厚，露水斑病明显减少或没有发病。实验结果表明：芒果果实露水斑病的发病程度与果实蜡粉覆盖率呈负相关，芒果果实的蜡粉与钙营养的补充有关，提早、定量补充钙肥可有效预防芒果露水斑病（图 6-21）。

图 6-21 芒果蜡粉越厚，露水斑越少（见彩图）

在生产实践中，尤其是常有露水斑病发生的果园，可在芒果幼果期—果实膨大期定期定量叶面喷施钙肥，这样不仅可以促进果实上粉、预防露水斑病，而且可以强化果实细胞壁，预防裂果、空心、水烂，提升果实抗病性。

通过综合管理预防芒果露水斑病：

① 进入果实发育中后期，减少乳油类生长调节剂的使用，防止果实过度膨大导致的品质变劣和果皮蜡质层被破坏，防止果实细胞壁变薄引起的果实水烂、空心、海绵组织病等生理性病害。

② 定期喷施保护性杀菌剂，防止病菌侵染。

③ 在定果后，定期叶面喷施有机螯合钙肥，为果实补充钙质营养，强壮果肉细胞，促进果实上粉，预防露水斑病。

第十节 预防不良气候条件对海南反季节芒果生产的影响

一、结合当地气象部门的天气预报结果，做好预防工作

气象局收集整理芒果产区各气象观测站的数据，形成未来一周的天气预报，提供给海南省农业科学院热带果树研究所，果树所再结合当地的芒果物候期，对未来一周的芒果农事提出适当建议，特别是针对不良天气，提出防范措施，三方联合发布“芒果一周农业气象”，为芒果种植者服务。

二、根据历年气象资料数据，合理安排花期

花期遭遇不良气候条件是影响芒果产量的主要因素。在海南芒果反季节特早熟生产中，花期（9～10 月）正值台风雨降雨高峰期（7～10 月），风险较大，虽然此期开花所产果品正是春节期间上市，价格最高，但在此期间开花易遭遇台风、连续大雨或暴雨袭击，影响芒果产量和经济效益。因受不良气候影响，近几年来生产特早熟芒果的种植者总体效益较低。因此，海南地区生产特早熟芒果的花期最好安排在 11 月上中旬，即 7 月上中旬土施多效唑控梢，10 月上中旬催花，11 月上中旬开花，3 月果实成熟，风险较低，收益好。

三、分期分批催花，分摊风险

海南反季节芒果生产不仅嫩梢期、控梢期处在高温多雨、多台风登陆的春末至秋季（5～10 月），南部三亚地区特早熟芒果的花期（9～10 月）也正值台风雨降雨高峰期（7～10 月），而且历时长，要做到完全避开高温多雨、多台风登陆季节催花进行反季节特早熟生产，比较困难。因此，通过分期分批催花，可以降低风险，即使某一批次遭遇不良气候影响甚至气象灾害，也不至于全园减产，甚至绝收。

预防方法：分期土施多效唑控梢，每期相隔 10～15d。100 亩左右的小果园，可分 2 期控梢；200～500 亩的果园，可分 2～3 期控梢；500 亩以上的果园，可分 3～4 期控梢。应注意所有土施多效唑控梢的工作必须在 9 月以前完成；金煌芒最好控制在 5 月以前采果，以避免高温高湿诱发水泡病。

四、常遇的不良气候及具体预防措施

1. 控梢期遇连续大雨或暴雨

海南芒果反季节生产控梢期（5～10 月）正值海南夏季季风雨降雨高峰期（5～6 月）和台风雨降雨高峰期（7～10 月），控梢期遭遇连续降雨，容易造成冲梢，导致催花失败。此时若是二次梢转绿或老熟，但又遇大雨、暴雨或连续降雨，不要盲目土施多效唑控梢，应抢在不下雨的间隙，及时进行叶面控梢；对已有叶芽萌动的枝条，重点点杀控梢，防止冲梢。待雨停 3～5d 后，土壤湿度较低时再土施多效唑控梢。已经

土施多效唑控梢的芒果树，由于连续降雨，加上高温，也容易冲梢，因此应做好叶面控梢。

2. 催花期或花期遇雨

若预测到花期遇连绵阴雨或连续暴雨，可以推迟花期。方法：用2000～2500倍液乙烯利喷施叶面，可推迟花期20～30d；对过早抽出的花穗，可从基部抹除，抹1次花穗可推迟花期15～45d。气温高时花穗抽得快，需多抹几次。

3. 花期遇干热风

海南西部的昌江、东方及西南部的乐东等3市县，芒果催花时间比三亚晚，大部分在1月，花期多在2月，而海南西南部的干热风天气最早出现在2月，正与花期同步，若不采取预防措施，容易造成花开满树，谢花后却全是空枝，全园生产失收。因此，此期果园应进行树盘浇水，保持土壤湿润；每3～5d树上喷水1次，既降低果园温度，提高果园空气湿度，又有利于芒果授粉受精，提高坐果率。

第十一节　海南芒果公果多的原因及生理落果防控措施

海南反季节芒果生产，挂果多以“公果”即“败育果”为主，与“公果”相对应的则是芒果的“母果”，“母果”多是通过正常授粉受精挂果。与公果相比，母果的果实发育快、果个大，生理落果少，容易保果。正常的芒果生产，一般母果率比较高，那为什么反季节芒果生产这么多公果？这与生产模式有关，反季节芒果生产一般要应用多效唑、乙烯利等生长抑制物从根系和叶面进行控梢，长期使用，药物残留在树体内，不但影响树体内源激素平衡，而且对花器的发育形成抑制作用，使雄蕊发育不正常，长度过短，不能正常授粉受精。一般芒果坐果以两性花为主，经过授粉受精作用形成果实，果核内产生种胚，分泌果实（子房）膨大发育所需的内源激素。而受生长抑制剂影响的芒果挂果基本以败育果为主，母果率在10%，甚至5%以内（图6-22）。商品化生产的需求要求果农必须要想办法保住败育果，随之应用大量赤霉酸、生长素类物质，提高果实内激素水平，结合补充营养、防病，使公果发育到正常果大小。因此，市面上多数海南产的芒果以“公果”为主。

图 6-22　芒果母果

芒果生理落果问题主要出现在定果后，发生时期主要集中在花生米大小的小果期和核桃大小的中果期。导致芒果生理落果的原因分为以下三种：

① 病虫害影响　如感染细菌性角斑病、急性炭疽病。

② 激素水平偏低或过量使用拉长膨大剂　赤霉酸供应水平不足会导致乙烯、脱落酸产生过多，引起生理落果；在不良天气影响下，过量使用拉长膨大剂也会导致大量生理落果。

③ 营养供应不足 果实发育期需要大量的营养供应，若营养供应不足，容易导致果实间争夺养分，使部分果实出现严重生理落果。

所以，果农在预防生理落果方面一般都是三种手段结合，在病害防控的同时，加强激素和营养的供应，同时根据天气变化调整用药配方和剂量。如在低温阴天情况下，减少 920、拉长膨大剂的使用，施用叶面肥和加强水肥管理进行保果；在小果定果前及早使用拉长膨大剂，避免幼果弯钩导致的生理落果的发生。细菌性角斑病多发生在受台风侵袭而没有及时清园洗树的果园，急性炭疽病则往往在高温高湿的连续阴雨天急性发作，有针对性的用药往往可以起到事半功倍的效果。

一般海南芒果生产针对细菌性角斑病的药剂有春雷霉素、中生菌素、噻霉酮、农用链霉素、喹啉铜和其他铜制剂，防控治疗急性炭疽病的药剂以嘧菌酯类、苯醚甲环唑为主，常规的代森锰锌和甲基托布津也有较好的预防效果。在营养补充方面以多肽类氨基酸、中量元素钙镁、有机钾为主。激素以 920 混配拉长膨大剂为主。

第十二节　芒果大小年结果现象和解决方法

从目前某些地区芒果生产情况来看，芒果结果极不正常，有些年份果实累累，有些年份寥寥无几，甚至可能数年不结果，这种大小年结果现象是当前影响芒果发展的主要问题之一。究其原因，花前降雨、叶片内碳氮比变化、树体营养积累状况、病虫害、两性花比例及激素平衡等问题是形成芒果大小年现象的原因。为了解决大小年的现象，可采用以下方法：

① 控制花期人工摘花　对出现的早花，采取分批摘花的措施，一般在花穗长至10cm左右时摘除，避免树体营养消耗过多。

② 加强水肥管理　通过摘花和喷药控花处理后，树势有所削弱，花芽萌动前及时加强水肥管理，可提高花穗的复抽能力及开花质量。

③ 慎重选择品种　不应选用有明显大小年结果现象的品种。应选择花期迟、花序抗逆性和再生能力强、能多次抽花、两性花比例较高的品种种植，以确保产量。

④ 利用植物生长调节剂　控早花可用丁酰肼1000～2000mL/L，可使芽延迟萌发和促使花芽分化。促花用浓度200～300mL/L的乙烯利结合其他催花药剂喷树冠，隔10～15d喷施1次，连续喷3次，可抑制花穗抽生和生长，促进花芽分化，提高两性花的比例。

⑤ 加强果园管理　在结果大年对芒果园进行翻耕。施氮肥的总量应比平常增加一倍。采果后，及时施速效肥，并适当灌溉，促发二次枝梢，使植株营养生长恢复平衡，为翌年开花、结果打下良好的基础。

第十三节　芒果日灼病的防治技术

一、日灼病的发病规律

日灼病是一种生理性病害。果实生长期受高温、干燥与阳光直射的作用，表皮组织水分失衡发生灼伤。发病程度与气候条件、树势强弱、果实着生方位、果实套袋与否及果袋质量、果园田间管理情况等因素密切相关。特别是雨天突然转晴后，受日光直射，果实易发生灼伤；植株结果较多，树势较弱，会加重日光灼伤的发生程度；果树外围果实向阳面日灼发生较重。

二、防治措施

1. 合理施肥灌溉

增施有机肥，合理搭配氮、磷、钾和中微量元素肥料。果实生长期结合喷药补充钾、钙肥。遇高温干旱天气及时灌水，降低园内温度，减少日灼病发生。

2. 果实套袋

坐果稳定后及时套袋。选择防水、透气性好的芒果专用袋。套袋前全园喷1次优质保护性杀菌剂，药液晾干后再开始套袋。注意避开雨后的高温天气和有露水的时段，并将袋口扎紧。果实采收前一周去袋，去袋时不要将果袋一次摘除，应先把袋口完全松开，几天后再彻底把袋去除。

第七章　芒果采后处理

芒果的商业性贮运保鲜技术一直未得到很好的解决，从而影响了芒果的贸易量，并成为制约芒果产业发展的重要因素。芒果采后贮藏保鲜存在衰老代谢快和腐烂损耗严重两个难题。芒果是热带水果，采后生理代谢旺盛，果实很容易后熟而变黄、变软，这就是导致芒果不耐贮藏的主要生理因素。同时芒果生长在高温多雨的热带、亚热带地区，在生长过程中很容易遭受微生物侵染，在采后贮藏、运输和销售中易造成大量腐烂损耗。因此，芒果的贮藏保鲜是芒果流通中必须解决的问题。

第一节　芒果采后生理特性

一、芒果生理成熟与后熟

芒果是一种热带水果，属于呼吸跃变型果实，采收 9d 后呼吸速率开始上升，其峰值出现在采后第 13 天。7～8 成熟的果实采后在常温下 7d 左右即达最佳食用品质。即使果实采收时果皮全绿，但放在 21℃、相对湿度为 85%条件下贮藏，在采后的第 5 天果实呼吸速率开始跃升，第 7 天出现高峰。当大气中含有微量的乙烯或乙炔，将加快芒果的后熟。伴随果实后熟过程，果皮由于其叶绿素的分解，由绿转黄。转黄的快慢和鲜黄程度因品种、种植地条件和后熟条件不同而异，果肉也由白或浅黄转黄，果身由硬变软。

芒果贮藏过程中，可分解释放出 270 多种含有香味的物质成分，芒果果实品种之间各种香气成分所占比重存在差异使得芒果果实具有独特的热带水果品质。

刚采收的果实，淀粉含量 8.05%，可溶性糖含量 4.11%。随着果实后熟，淀粉含量下降，可溶性糖含量增高。可溶性固形物的变化规律与可溶性糖基本一致。随着果实的后熟，可滴定酸度和维生素C含量逐渐下降。从营养的角度来考虑，食用时不宜选择过熟的芒果，因为成熟度越高，维生素C含量越低。

贮藏温度对芒果呼吸有明显影响，贮藏期间芒果呼出的CO_2量经历了呼吸峰前的低值—峰值—呼吸峰后下降的过程。在不同贮藏温度下，贮藏期间芒果果肉的可溶性固形物、总糖、蔗糖和还原糖含量前期增加，随后趋于下降。不同贮藏温度下芒果果皮叶绿素和类胡萝卜素含量也发生了不同的变化。贮藏期间叶绿素含量逐渐减少，类胡萝卜素含量增加。提高贮藏温度，成熟芒果果皮中的类胡萝卜素形成速度和含量都有所提高，对外观颜色形成有利。

果实的重量、果肉含水量及果肉占果实比例等在芒果贮藏期间也发生了不同程度的变化。芒果果实在30℃下放置，果实水分不断蒸发，当水分损失到一定程度时即出现皱皮现象，商品价格因而下降。

二、芒果贮藏特性

芒果成熟期正值高温多雨季节，果皮为青色时采摘，在常温下后熟。芒果对低温较为敏感，一般在10℃左右较易发生冷害，出现异味。因此，贮藏芒果的温度不宜过高或低，一般最适温度为12～13℃，相对湿度85％～90％，在此条件下一般可贮藏2～3周。

第二节　芒果采后处理措施

一、采前措施

芒果果实发育后期需水多，但水分过量容易导致果实发酸，易烂果，应提早控制水分。炭疽病、蒂腐病等病害往往在花果发育期潜伏侵染，果实贮运期间逐渐发病，所以针对这些病害，采前预防显得十分重要。从花期开始，定期喷药，直到采前30～40d，喷药后套袋，套袋不仅可以明显减轻病虫害或机械损伤所带来的果面污渍，而且有助于果面均匀着色，提高果品的商品价值。

二、采收

芒果采收期的早晚对芒果果实品质及耐贮性能的影响很大。

（1）*成熟度的确定* 芒果要适时采收，如采收过早，果实极易失水皱缩，不易后熟，果实风味变淡；采收过晚，果实因果柄产生离层而从树上自然脱落，有的在树上就开始变软，贮藏时快速后熟，贮藏期明显缩短，不耐贮藏。确定芒果采收成熟度的方法有很多，我国一般是采用以下几种方法：

① 根据果实颜色和外观 果皮颜色转暗或由青绿色转变为淡绿色、绿带白色、淡黄色、红色甚至紫色；果面蜡质层增厚，皮孔微裂、斑点由不明显变为明显；果肉由乳白色转变为淡黄色，近果核处略呈淡黄色，种壳变硬；果实发育饱满，果蒂凹陷，果肩突出；或一株树上有自然成熟果出现，即可采收。采收的果实经 6～8d 后熟，果皮不会皱缩，风味浓郁。

② 根据果实密度 据研究，随着芒果果实的成熟，密度增大，将其置于水中时，就会沉于水中，不浮出水面的为已成熟，浮出水面的为未成熟。因此，可根据芒果置于水中时的下沉程度来确定芒果成熟度。

③ 根据果龄 不同品种间的果龄差别很大。一般从谢花到果实成熟，早熟品种 90～95d，中熟品种 100～115d，晚熟品种需 120～150d。

④ 依据果梗液汁鉴别 将果柄膨大处横切，观察其液汁的射流、浓度，切后流出的液汁稀，会喷射的，一般只有七成以下的成熟度；切后流出的液汁浓，呈乳白色，不会喷射的，已有八成以上的成熟度，可以采收。

（2）*采收时间* 不同产区、同一地区不同品种、同一地区同一品种不同栽培方式的成熟时期都不相同。在海南三亚，台农一号的果实可在 4 月上旬至 5 月上旬采收。采收时间应选在晴天上午，凡雨天采收的果实均不耐贮藏，且易感染炭疽病和蒂腐病。

（3）*采收方法* 一般是采用人工采收，采收时工人应戴手套。宜采用“一果两剪”的方法，剪摘时注意清理芒果流出的黏液，尽量避免接触到果实、皮肤和眼睛。手摘不到的，可用带袋长竹竿采果。在果园装果用的容器应用软物衬垫，以防伤害果实。果实放置时，刀口向下，每放一层果实垫一层纸，避免乳汁相互污染果面。采收时要轻拿轻放轻搬，尽量避免机械损伤，以减少后熟期果实腐烂。

三、清洗

芒果采收后应尽快洗净果面流胶、污渍等，减少病菌附着和农药残留，使之清洁卫生，符合商品要求和卫生标准。可用清水、1%漂白粉、1%熟石灰或2%醋酸溶液等，采用浸泡、冲洗、喷淋等方式进行清洗，使用的洗涤水一定要干净卫生，且经常更换，以免引起交叉感染导致健康果实腐烂。此外，用洗涤溶液洗涤的果实，还需用清水冲洗。在清洗过程中，须将裂果、畸形果、机械损伤果、病虫害果、已成熟果实选出，剔除次品果后，再进行保鲜处理与贮运。

四、采后处理

果实采回后，先在常温室内摊放一昼夜，使其“发汗”。要保持芒果本身具有的色、香、味，延长贮运期，提高商品率，必须选择合理的采后处理技术进行采后保鲜，抑制和减缓果实贮运期间的代谢活动，降低采后果实的发病率，解决贮运过程中的保鲜问题。所以，芒果采收后，必须进行采后处理。一般采用下列5种方法：

（1）热处理　热处理方法包括热水浸泡（喷淋）、热蒸汽熏蒸和干热风处理等，其中最常用的是热水浸泡。50～55℃热水浸果5～15min或46～48℃热水浸果60～120min，可有效预防芒果采后病虫害特别是炭疽病的发生和果实蝇虫卵的危害，降低果实冷害，且不影响果实的风味。如果适当提高处理温度，可缩短处理时间。处理温度和时间的设定还要考虑果实体积的大小和品种的差异，一般大果型品种比小果型品种较耐高温。处理温度过高或处理时间过长均有可能导致果实烫伤。芒果贮前热空气处理可以降低贮藏期间的冷害指数，减慢果实硬度下降速度，显著降低低温贮藏期间芒果细胞膜透性以及丙二醛含量，抑制膜脂过氧化作用及果实脂氧合酶和过氧化物酶活性，说明贮前热空气处理能够减轻芒果采后冷害与延缓后熟衰老进程，防止果实因低温贮藏导致的品质下降，从而延长芒果采后贮藏保鲜期。

热水浸泡处理可以显著地降低采后芒果表面微生物的含量，抑制芒果催熟过程中病斑数量的增加及面积的增大，降低芒果催熟过程中的烂果率，达到降低芒果原料损失率的目的。其中，60℃ 3min的热水浸泡处理方法，使烂果率减少了75%，不仅达到了通常商业热水浸泡处理条件降低损失率的效果，而且显著地减少了热水浸泡处理的时间，提高了处理效率。

（2）杀菌剂处理　将清洗后的芒果果实，用一定浓度的杀菌剂进行喷雾或浸泡处理，可选用的杀菌剂包括抑菌脲（扑海因）、咪鲜胺（施保克）、咪鲜胺锰络合物（施保功）、抑霉唑以及以上杀菌剂的混剂咪鲜胺·抑菌脲（1∶1）等。喷雾时以完全喷湿果面为宜；浸果时泡1～2min，且不停地轻微搅动果实，以便药液充分接触果实表面。

（3）辐射处理　应用辐射技术进行采后处理能减缓芒果的成熟和衰老进程，延长贮藏期和减少采后损失。据国外媒体报道，低剂量（250Gy）辐射处理结合热处理、化学处理、气调处理，均可提高处理效果，黄熟期芒果经照射后可将货架期延长3d。处理时若剂量过大，容易使果面产生褐色小斑。在南非，采用微波辐射处理取得了同热处理相似的保鲜效果，但相比之下这种处理方法操作迅速且成本低廉。

（4）后熟调节处理　贮藏室内采用乙烯吸收剂能有效地延缓芒果果实的采后后熟，延长货架期和维持果实较好的品质。高锰酸钾作为一种乙烯吸收剂已在商业上广泛使用。乙烯受体抑制剂是以一种可逆或不可逆的方式与乙烯受体结合，从而抑制乙烯-受体复合物的正常形成，阻断乙烯诱导的信号传导或传递的一类物质。如1-MCP作为一种新型、高效的环丙烯乙烯作用抑制剂，它能抑制乙烯所诱导的与果实后熟相关的一系列生理生化反应，进而延缓采后呼吸跃变型果实的衰老进程，保持果实的贮藏品质，近年来被广泛地应用于园艺产品延缓衰老的研究与应用上。1-MCP处理后结合聚乙烯袋包装，能显著延长芒果在常温下的贮藏时间，该技术特别适宜于冷藏设备不足的我国，在商业上应用潜力很大。

（5）综合处理　处理方法应根据芒果采摘后所需的销售时间来设计，建议选择下列方式：

① 芒果采后销售时间为7d，用52～54℃热水处理3～5min。

② 芒果采后销售时间为15d，用常温水＋保鲜剂处理3～5min，或者用保鲜剂直接喷果。

③ 芒果采后销售时间为22d，用热水＋复合保鲜剂处理3～5min后套保鲜袋＋吸附剂。

④ 芒果采后销售时间为30d，用热水＋复合保鲜剂处理3～5min后气调贮藏（11～13℃）。

五、包装

良好的包装不仅有利于延长芒果的贮藏期，防止水分蒸发和机械损伤，还有利于提高芒果的商品档次，增加经济效益。芒果单果包装可延缓果实后熟，防止病害传播。近年来，一些薄膜袋如聚乙烯、聚丙烯袋等因其具有透湿性低、透气性高等优点而被广泛应用在果实的单果包装上，它一方面防止水分蒸发，起到自发气调（MA）延缓后熟的作用，同时还能防止病害在果实间相互传播。如用聚乙烯袋对芒果进行单果包装，在13℃可贮藏4～5周，比对照延长15～20d，常温下可将贮藏期延长5d左右。最近国内外在芒果保鲜方面又推出了各种保鲜纸，如中药材保鲜纸、生物保鲜纸等，不仅可发挥良好的保鲜作用，而且使用方法简单、成本相对低廉，适于在芒果单果包装上使用。国内芒果包装多用竹筐、塑料筐、瓦楞纸箱、泡沫箱等，装筐（箱）时包果纸衬垫，果实要分层放好，层与层之间垫以填充物，防止机械损伤，保证透气性良好。远距离运输的芒果包装多采用带通气孔的瓦楞纸箱。

芒果装箱的类型：一种是将单果直接摆在果箱内，每层之间用吸水纸隔开，或纸箱分2～3层，层与层之间用纸板隔开，该方法虽然包装相对简单，但有易造成整箱果实同时后熟、采后病害传播快等缺点；另一种用0.01～0.02mm厚的聚乙烯薄膜袋或专用保鲜纸单果包装后再外套珍珠棉水果网袋，整齐摆放在包装箱中，每箱装1～3层，单箱重量以5～15kg为宜。

六、贮藏

芒果贮藏方法主要包括常温贮藏、低温贮藏、气调贮藏和减压贮藏等。

（1）常温贮藏　在缺乏冷藏和气调贮藏设备的条件下，可采用常温贮藏。经处理后的果实可在25～30℃、相对湿度60%～85%、通风良好的贮藏库中存放5～10d。在高于30℃的条件下贮藏，随着时间的延长，可能引起高温伤害。芒果贮藏13d后，品质呈下降趋势，腐烂程度开始加重，所以常温贮藏的果实，宜在采后15d内消费，否则商品价值会大大降低。

（2）低温贮藏　芒果对低温特别敏感。芒果最低贮藏温度视其品种、果实成熟度、贮前处理等条件而异。大多数品种的适宜冷藏温度为10～13℃，相对湿度为85%～90%，可贮藏时间为2～3周，取出后置于室温下可正常后熟。不同品种间的适宜贮藏温度差异较大。如台农一号、金煌芒的贮藏适温为10℃。一般而言，绿熟果实的贮藏安全温度为13℃，黄熟果实的贮藏安全温度为10℃。红象牙芒果的最适贮藏温度为11℃，最佳药剂为自制保鲜剂，保鲜期可达50d左右，腐烂指数为6.67，远低于其他处理。值得注意的是，芒果贮藏时温度的稳定性非常重要，一般在最适贮藏温度上下波动的幅度不得超过1～1.5℃。温度变化幅度大，呼吸强度和乙烯释放量增大，芒果过早进入衰老期，导致腐烂增多。

（3）*气调贮藏*　气调贮藏分为自发气调贮藏（MA）和人工气调贮藏（CA）两类。芒果适宜的气调贮藏条件为：O_2含量5%～10%，CO_2含量2%～8%，但不同芒果品种所需最佳气调贮藏条件存在差异，如台农一号芒果的最佳气调贮藏条件为O_2含量6%，CO_2含量4%。

自发气调贮藏芒果能延缓果实的后熟，减少脱水失重并且保持果实的原有风味，用热皱缩薄膜单果包装芒果，经12℃贮存2周后在21℃下后熟，可显著降低果实失重，而且对果实硬度和果皮色泽的变化及控制病害有明显的影响，如采用打孔聚乙烯薄膜袋包装对控制果实腐烂有一定的效果。

（4）*减压贮藏*　减压贮藏时通过把贮藏库内的气压降低，达到低氧或超低氧的状态，从而起到与气调贮藏相同的作用。减压贮藏可加速芒果组织内乙烯与挥发性气体向外扩散，可防止果肉组织的衰老，防止组织软化，减轻冷害与贮藏生理病害的发生，从根本上清除在气调贮藏中CO_2中毒的可能性；抑制果实贮藏期微生物的生长发育，从而防止侵染性病害的发生。将芒果贮藏在19.6kPa、相对湿度98%～100%、13℃的条件下，贮藏3周后果色仍旧鲜绿，果实硬度与好果率都较高。在6.7～9.3kPa的条件下贮藏25～35d，移放至室温条件下，仍能在3～5d内正常后熟。但在低于6.7kPa的条件下，芒果会脱水、萎缩。由于减压贮藏设备造价高，目前并不能大量在生产上推广应用。

（5）*乳他涂层（EC）贮藏法*　芒果是呼吸跃变型水果，在适宜条件下，6～8d就会完成采后成熟。芒果后熟依赖于3个因素：水分蒸腾作用、成熟和衰老速率、病虫害侵染。在水果表面涂层处理形成一层半透膜可选择性地控制O_2、CO_2和水蒸气的渗透，延缓其采后生理活动，另外也限制了昆虫和微生物的入侵，且涂层法比其他贮藏法成本低、操作简单。使用聚乙烯蔗糖酯，羧甲基纤维素的盐类和单、二酰甘油混合制备乳化液，涂层处理可延缓芒果的后熟。

(6) 射线照射贮藏法　射线照射保鲜贮藏是继传统贮藏方法之后，又一种发展较快的新技术和方法。用于食品保鲜贮藏的，主要是穿透力很强的射线，常用的有 γ 射线和 β 射线。芒果用 250Gy 照射，可抑制后熟时多酚氧化酶的活化和果胶分解酶的活性，使成熟期延迟 16d。菲律宾和印度的芒果出口都采用辐射杀虫。芒果用 600Gy 照射，对维生素 C 和胡萝卜素没有明显的破坏。如在低温、低氧下进行辐射处理，可以更多地保留营养成分。芒果经过辐射处理在 13℃贮藏比对照组延迟 40d 成熟，在 20℃贮藏比对照组延迟 10d 成熟。γ 射线辐射设备须配有辐射源（如钴 60），辐射源贮存设备（贮源水井），辐射源驱动设备，物品的自动运送设备及具有防护屏蔽的照射室等。

(7) 1-MCP（1-甲基环丙烯）处理　1-甲基环丙烯在一定程度上能够抑制台农芒果果实采后贮藏过程中病害发生和硬度下降，阻止了果实色泽变化，减小了对果实细胞膜破坏。同时，提高了果实外观品质、营养物质（可溶性固形物、可滴定酸）含量、酶活性，使果实细胞膜的完整性得到了保护。相同成熟度下，红贵妃、台农、金煌品种对 1.0mL/L 1-MCP 的反应各不相同。红贵妃芒果病情指数和细胞膜透性相对较低，果实的硬度较高，1-MCP 对红贵妃芒果的保鲜效果最佳，其次是金煌、台农，推测主要与三个品种果实本身的特性、果肉质地有关系。同一品种不同成熟度间，六成熟果实营养品质、病情指数及生理代谢活动低于八成熟的果实，八成熟果实病情指数和色度值较高，果实衰老较快。1.0μL/L 1-MCP 处理的红贵妃芒果乙烯释放量较低，明显降低了果实病情指数，使色度变化放缓，保持了果实硬度，降低了果实多聚半乳糖醛酸酶和果实后期纤维素酶活性，延缓了果实软化成熟。

七、催熟

为了便于运输和延长芒果的贮藏期，芒果一般在绿熟期采收，使之在常温下 5～8d 自然黄熟。但有时为了使芒果成熟速度趋于一致，尽快达到最佳外观，有必要对其进行催熟处理。常用的方法有：普通后熟法、热水催熟法及化学催熟法等。普通后熟法是将芒果从低温库、气调库、减压库等贮藏环境中移出后，再在适宜的温度、湿度条件下使其自然后熟，得到与完熟芒果具有相同或相似特征的后熟产品的方法。热水催熟法是将芒果果实浸热水后放入密封或半密封容器中使其加快后熟的一种方法。化学催熟法是利用乙烯、乙烯利、乙炔、碳化钙等化学物质在一定条件下对绿熟芒果进行处理，使果实在这些化学物质的刺激作用下快速后熟。目前使用最多的化学催熟药剂有乙烯和乙烯利。

（1）乙烯催熟　利用外源乙烯处理时应特别注意待处理芒果品种果实成熟度、处理环境的温度与湿度、气体成分及乙烯的浓度和处理时间等因素。一般情况下，乙烯催熟的条件为21～24℃、相对湿度85%～90%、乙烯使用浓度100mL/L，密闭处理芒果24h，3～4d后可达半熟。

（2）乙烯利催熟　乙烯利是一种可释放乙烯气体的化合物。用乙烯利催熟的方法很多，例如用冷的乙烯利溶液浸果催熟、热的乙烯利溶液浸果催熟以及利用乙烯利释放乙烯气体熏果催熟等。将乙烯利配成浓度为0.5～1g/L的水溶液，喷雾或浸泡芒果，然后密封24h。乙烯利被芒果吸收后释放乙烯气体，从而起到催熟的作用。用浓度为0.5～1g/L的乙烯利热溶液（54℃±1℃）浸果5min，比用同样浓度的冷乙烯利溶液（24～28℃）浸果5min催熟效果更好。用乙烯利催熟，芒果比较一致地转变成金黄色，果肉质地硬，品质好，催熟后还能再放4～5d，且催熟后腐烂损失率大大降低，还可大大降低海绵组织病的发生率。如用300～500mg/L的乙烯利溶液浸果5min后在20～25℃、相对湿度85%～90%的密闭环境中处理24h，然后通风换气，5d后50%的果实达到成熟，果实转色一致，果肉质地硬，品质好，催熟后还能放4～5d，且催熟后腐烂损失率大大降低，显著提高了芒果的商品果率。

第三节　芒果采后冷害发生及控制技术研究进展

一、芒果采后冷害发生症状

芒果果实的冷害率先发生在果皮，严重时可蔓延至果肉。果皮的冷害症状体现为灰褐色烫伤状冷害斑，果肉的冷害症状则体现为长斑部位皮下果肉组织发生褐变。程度较轻的冷害具有一定的潜伏性，即果实的冷害症状需在从低温条件下取出后方才逐渐呈现；遭受严重冷害的果实在低温下即可明显地看到针尖状的暗绿色至浅褐色下陷斑。遭受轻度冷害的果实褐斑较小且稀，随着冷害加重，褐斑变大并连成片，以致整个果面都凹凸不平。果皮的冷害斑在后熟过程中数量并不增多，颜色却会加深，后熟完成后变为黑褐色。此外冷害对芒果的后熟也会产生影响，遭受冷害严重的果实从低温转入常温后不能正常成熟。

1. 影响芒果发生冷害的因素

（1）*品种因素*　尽管所有品种的芒果在不适宜的低温下贮藏均会发生冷害，但不同品种会体现出低温下的耐贮藏能力的差异。薛进军等对2008年广西地区生长的主要芒果品种的花穗抗冷性进行研究，发现抗低温冷害的品种有凯特、桂热82号、桂热120号、紫花芒、金穗芒；不太抗低温的品种是台农一号和吉尔；最不抗低温的品种是爱文和金煌。虽然对我国不同芒果品种果实抗冷能力缺乏系统的比较，但芒果果实是由花穗授粉后发育而来，花穗上所具有的抗冷相关遗传物质和信号系统可能会被果实继承，因此花穗的抗冷能力在一定程度上可以反映果实的抗冷能力。总体而言，除少数品种外大部分品种的芒果在7～8℃以下贮藏都会出现冷害，抗冷能力差的品种甚至在低于12℃时便会发生冷害。

（2）*成熟度的影响*　对于同一芒果品种而言，成熟程度不同的果实也体现出不同的耐低温贮藏能力：成熟度越高，越不容易发生冷害。研究不同采收期的芒果对低温贮藏的适应能力发现：早期采收果实在10℃条件下贮藏后发生冷害；中期和晚期采收的果实冷害症状并不明显，但取出催熟后果实香味比采收后直接成熟的果实差；将芒果先催熟后包薄膜袋，在5～8℃低温下可贮藏40d以上，说明完熟的果实对低温胁迫具有更好的适应能力。

（3）*环境因素*　冷害是逐步积累的过程而并非置于低温下立刻发生。对于品种、成熟度相同的芒果，其积累的速度取决于贮藏温度。季作梁等研究了我国主栽芒果品种紫花芒的低温贮藏、冷害及其生理生化反应。结果表明，2℃贮藏15d、5℃贮藏34d表现冷害症状；高于8℃未发现冷害；11℃贮藏20d后，开始成熟。而冷害的积累程度则取决于贮藏时间，处于冷害临界温度（大多数品种为8℃）之下的果实，贮藏时间越长冷害症状越严重。除温度外，环境湿度、气体成分也会影响到果实对冷害的响应。研究湿度对用不同材料包装的芒果贮藏的影响时发现当包装内相对湿度从99%下降到90%时，芒果的冷害程度降低。说明高湿可能会促进芒果冷害的积累，但目前尚未见到对此的深入研究。气调贮藏常与低温贮藏配合运用于生产中，不同果蔬对CO_2的适应能力不同，适当的气体比例有助于芒果抵御低温胁迫，但过高浓度的CO_2会导致气体伤害，从而加剧冷害的发生。有研究表明，芒果在8～10℃的冷藏条件下能耐受3%～5%的O_2和5%～6%的CO_2，并在该条件下可存放3～6周。

2. 芒果冷害进程中的生理代谢变化

（1）*细胞膜渗透性增加* 低温伤害会导致芒果果实细胞的膜脂发生相变进而影响细胞膜透性。细胞膜透性的增加意味着膜脂的流动能力降低，进而令附着于膜上的蛋白不能正常执行功能，从而造成细胞ATP短缺、离子渗漏等现象，打破细胞的代谢平衡，最终导致细胞死亡。在8℃条件下贮藏时芒果果实细胞离子渗透率大于同时期13℃条件下贮藏的，并且于8℃条件下贮藏第4天离子渗透率达到最高，此后又开始下降，而与此同时果实开始出现表皮黑斑、可溶性固形物含量下降、不能成熟等冷害症状，所以离子渗透率的变化可以指示芒果冷害的发生。

（2）*活性氧清除能力下降* 高水平的活性氧被认为是膜脂过氧化加速、膜蛋白聚合进而破坏膜结构、丧失膜功能的重要因素。在相同的贮藏条件下（2℃，15d），半黄和黄熟的芒果置于低温条件下时冷害发生率低于绿熟期芒果，这一结果与绿熟期芒果在冷藏条件下细胞膜透性迅速升高有显著相关性，与此同时冷藏期间高成熟度芒果的超氧化物歧化酶、过氧化氢酶以及抗坏血酸过氧化物酶的活性较高，并保有较高水平的还原性谷胱甘肽和维生素C，而细胞膜脂过氧化产物丙二醛的含量则低于绿熟期的芒果。由此可见细胞膜抗氧化能力的确与芒果的冷害有关。

（3）*乙烯合成系统受损* 乙烯合成减少甚至受阻是芒果在低温环境下表现出的又一特征。在冷藏期间，芒果果皮中1-氨基环丙烷-1-羧酸（ACC）向乙烯转化的能力随着贮藏时间的延长而降低，用ACC处理凯特芒果果皮后即便在ACC处理诱导存在的情况下，乙烯释放量也逐渐下降，贮藏2周后与未处理的果皮产生乙烯的能力基本相同，这说明温度极大地影响了果皮中乙烯的产生。低温贮藏对芒果果皮产生乙烯能力的影响有可能会一直持续到果实复温之后。

二、芒果采后冷害控制技术

1. 中温贮藏

中温贮藏是指在芒果冷害发生的临界温度（10～12℃）或更高温度内

对芒果进行贮藏的方式，该方法是最早运用于生产中的，以延长果实贮藏时间，同时保证不发生冷害，目前也在芒果贮运行业中被广泛采用。在冷害临界温度以上实施贮藏虽然可以避免冷害的发生，但不能有效抑制和调控芒果在贮藏过程中的成熟度变化，故而必须以气调贮藏、乙烯吸收剂$KMnO_4$、乙烯受体抑制剂1-MCP、抗氧化剂等措施辅助才在商业上具有应用价值。

2. 物理方法

（1）低温处理　低温处理会改变基因表达模式，具体表现为部分冷相关蛋白表达的上调。该方法被运用于芒果低温贮藏的驯化锻炼，可诱导芒果抗冷能力的提升。将紫花芒果先置于15℃低温中贮藏7d进行低温锻炼后再置于2℃中贮藏，使得芒果的冷害发病时间从第8天推迟到第21天，果皮细胞中超氧化物歧化酶、过氧化氢酶的活性显著提高，丙二醛含量的增加和细胞膜透性的增大则明显延缓。

（2）高温处理　高温处理诱导抗冷能力运用了生物对于逆境具有交叉适应性，即热激过程中产生的热激蛋白等物质同时对于冷胁迫也具有防御作用的特点。研究表明，热激处理对芒果果实组织细胞会产生诸多影响，如减少果实乙烯释放量、降低果实对外源乙烯的敏感度、减少离子渗漏、减慢果实软化和果胶可溶化的速度，还引起包括核仁、线粒体、核糖体以及细胞核和内质网在内的细胞超微结构的变化，引发重要抗逆蛋白质热激蛋白的表达。热激处理方式可以是热水浴或热空气处理，处理时间因温度不同而异。一般情况下热水处理温度稍高，时间较短；热空气处理温度较低，持续时间略长。这是由于水比空气的比热容大，传热也更快。

（3）间歇升温　间歇升温是较早被发现的可以提高果实抗冷能力的技术措施。当间歇升温采用中温（而非低温）和常温交错处理时反而促使果实乙烯释放高峰及呼吸高峰提前到来，加速了芒果的成熟和衰老，这表明间歇升温处理可能只适用于冷害临界温度之下贮藏的果实。

3. 化学方法

（1）多胺　多胺是较早被发现的与冷害发生过程相伴随的物质，目前多认为多胺是植物在冷刺激下所产生的防御性物质，其可通过与膜磷脂结合等多种方式对冷胁迫下的生物细胞产生保护作用，施用外源多胺有助于提高果实的抗冷能力。在对芒果冷害进程的研究中人们发现芒果果皮和果肉中的多胺与果实冷害是相伴出现的，并在整体的冷害进程中其在芒果果实中的含量具有先上升后下降的趋势，在贮藏末期，多胺含量随着冷害的加重而急剧下降，而一定浓度的外源腐胺处理可以明显地减轻芒果冷害，在该过程中芒果内源腐胺含量降低而内源亚精胺及尸胺含量提高，芒果这一致冷害多胺代谢机制与柑橘和南瓜相似。

(2) *有机酸* 草酸广泛分布于动植物及真菌中，近年来草酸对果蔬抗逆能力的影响引起了研究者的关注。Ding 等发现外施一定浓度的外源草酸可降低芒果在 5℃低温贮藏期间的冷害发生率，并提高冷贮期间果肉中活性氧的代谢能力。

(3) *活性氧类小分子信号物质* 活性氧作为生物氧化代谢的副产物大量积累的时候会对生物膜造成不可逆的损伤进而导致细胞衰老死亡，但一部分活性氧代谢体系的中间产物却同时也在植物防御网络信号系统中承担着重要的反馈作用，如作为胞内信使存在的 H_2O_2 和同时作为胞间和胞内信使存在的 NO，已有许多实验证明了这两种物质在诱导植物抗病性、抗逆性增强方面的作用，而且关于这两种信号物质对芒果抗冷性的诱导作用也已被研究证实。

(4) *激素及植物生长调节剂类小分子信号物质* 脱落酸（ABA）是重要的抗逆境胁迫激素，现已证实在多种植物体内存在依赖于 ABA 的抗冷途径。尽管尚未看到 ABA 直接用于芒果抗冷的报道，但在热激处理提升芒果抗冷能力的过程中也观察到了果肉和果皮组织细胞中 ABA 水平的升高，这意味着 ABA 很可能与芒果抗冷能力的产生有关。

水杨酸和茉莉酸本身都是植物生长调节剂，在植物获得性抗性产生过程中的作用近年来逐渐为人所熟知。经过两种物质处理后的芒果在 5℃贮藏的抗冷能力皆有显著提高，水杨酸和茉莉酸在此过程中均降低了芒果丙二醛（MDA）的积累速度和细胞的离子渗透率。

第四节 芒果催熟工艺

一、乙烯产生器催熟芒果

乙烯产生器为中国台湾开发生产的仪器，须以酒精为原料，经电热到 380～400℃后产生的乙烯即可用于芒果催熟。芒果催熟时，在 20℃时乙烯浓度需高于 10μL/L，而在 33℃时浓度可低到 1μL/L，可见增温能提高芒果对乙烯的敏感度。使用乙烯产生器催熟时需配合使用加热器进行室温加热处理的原因即在此。加热温度以38℃为宜，二氧化碳为乙烯作用的竞争性抑制剂，浓度高时有抑制乙烯作用的功能，因此氧气不足即会减弱乙烯的作用。在催熟芒果时，为了节省空间，常需大量堆积，于是造成氧气浓度的下降及二氧化碳的累积，因而在每次销售前需打开大门及使用抽风机排出二氧化碳，在催熟过程中，二氧化碳浓度最好不要超过10%。催熟室的高度以4～5m为宜，砖造水泥粉刷，不可油漆，在墙壁的上方安置抽风机，约5～6m^2设一台。15m^2以下使用乙烯产生器及加热器各1台，面积每超过15m^2则各增加1台。

若为大型的催熟室，则必须添购堆高机一部及垫板。其催熟的过程为果农在采果后盛装于塑胶笼内，堆积在垫板上，高度4～5层，再用堆高机堆入催熟室，依序排列。催熟时将乙烯产生器每台加入酒精1500mL，接上电源，温度调至380℃，并以加热器保持38～40℃的室温后即可开始催熟。在催熟期间须每隔4h打开催熟室的门窗，并以抽风机抽出室内二氧化碳，时间约10～15min，再封闭门窗继续催熟。催熟量每次可达50000kg，但需注意室温的控制。催熟的时间以72h为宜，果实全熟后才可推出分级包装。在催熟过程中，每日均可进货，每批果实催熟72h即可出货，依序循环。此项设施自1991年进行迄今已有数年，优点为可以大量统一催熟，节省果农分别催熟的作业时间，降低生产成本。芒果催熟后色泽优美，整齐统一。可延长约7d的贮存时间。催熟后可以统一选别，分级包装，争取运销时效，并调整市场供需。采果期适逢南部的梅雨季节，在阴雨天仍可进行采收催熟，不受气候影响。缺点为酒精属于管制品，申请手续复杂，取之不易。

二、碳化钙（电石）催熟芒果

碳化钙很容易吸湿、吸水后释放乙炔气体，可用来催熟芒果。用量为果重0.1%～0.5%。方法是：将芒果放入纸箱内，内衬垫报纸、薄膜袋等，尽量不使其漏气，在水果的最下方放置用纸或布袋包住的电石，密封48h后可拆开包装。

三、其他方法

有的地方采用催熟房来催熟芒果，催熟房温度控制在22～25℃，通风良好，采用稻草催熟，单层排放果实，每层果间用稻草隔开，用此方法后熟果果色鲜艳，整齐一致，且稻草柔软不会造成果面损伤，一般在22～24℃室温，2～3d即可催熟。有的地方在18～22℃、相对湿度在80%～90%的条件下用200mg/L乙烯溶液喷果2次/d，并控制温度来控制后熟速度。

第五节　芒果分级

芒果主要产区多数制定了芒果的产品标准，产品标准中一般也规定了其等级划分要求。目前来说，产品等级划分标准有两种：一是按果品大小或重量进行分类，不涉及品种、类别，划分后按照外观进行分级，以国际食品法典委员会制定的标准为代表；二是按照品种规定的不同品种产品的外观、理化指标等要求进行分级。

国际食品法典委员会在1993年制定了芒果的法典标准（CXS 184—1993)，并于2005年进行了第一次修订，其主要内容就是芒果的等级划分。法典标准作为国际统一规范，有其固有的模式，一般的产品标准不涉及产品的品种及理化指标，只包括一个产品需要满足的基本要求、产品分类、产品等级划分和安全卫生要求等。在基本要求方面，即根据果形、新鲜度、外观、成熟度、病虫害等确定指标，从而保证商品芒果的基本质量。在产品分类方面，按照重量（果实大小）分为A、B、C三个类别。在满足基本要求的前提下，按照品质不同分为三个级别（优等品、一等品、二等品）。我国在2002年发布了芒果农业行业标准（NY/T 492—2002)，该标准主要的技术内容参照了芒果的国际法典标准。修改主要依据我国的主要栽培品种，按照统计数据修改了分类重量范围。芒果果实品质评价术语和定义：

1. 后熟

芒果在采收后继续发育完成成熟的过程。

2. 成熟度

果实成熟的程度。采摘时芒果成熟应达到一定的程度，以保证有适当的后熟期，适应处理、包装和运输的时间要求。芒果的成熟度分为青熟、完熟、过熟三级。

（1）青熟　果实已发育成熟，果肉开始变黄，但果皮呈青色，果肉硬、味酸。采后经后熟能达到该品种特有的质量。青熟果适合较长时间的贮存或远距离运输。

(2) 完熟　果实发育充分，具有芒果固有的色、香、味，肉质较硬实，适合短期贮存后销售。

(3) 过熟　果实成熟过度，开始软化，品质下降。

3. 日灼

过于强烈的阳光照射，果皮出现坏死，严重时坏死成为斑块。

4. 栓化

果实受到伤害的部分伤愈结痂，形成木栓组织。

5. 黄化

绿色品种的芒果由于阳光照射，果皮变黄的现象。

6. 异常外部水分

果实经雨淋或用水冲洗后表面残留的水分。

7. 机械损伤

果实受到机械力作用而造成的伤害，包括擦伤、刺伤、碰伤、压伤等。

8. 病害

果实由于病菌或受到环境因素的影响造成自身生理失调等导致的伤害。

9. 冷害

芒果果实在温度低于4～5℃时代谢紊乱，变色变味，出现凹陷性病斑等果实品质下降的现象。

10. 流胶

果实受到伤害，树脂类物质流出果面的现象。

11. 斑痕

由于日灼坏死、流胶栓化、机械损伤和病虫害愈合等留下的痕迹。

12. 要求

(1) 基本要求　所有级别的芒果，除个别级别的特殊要求和容许度范围外，应满足下列质量要求：

-果形完整；

-未软化；
-新鲜；
-完好，无影响消费的腐烂变质；
-清洁，基本不含可见异物；
-无坏死斑块；
-无明显的机械损伤；
-基本无虫害；
-无冷害；
-无异常的外部水分，但冷藏取出后的冷凝水除外；
-无异常气味和味道；
-发育充分，达到适当的成熟度；
-带柄时，其长度不能超过 1cm。

根据不同品种的特点，芒果的发育状况应保证后熟能达到合适的成熟度，适宜运输和处理，运抵目的地时状态良好。随着成熟度的增加，不同品种的颜色变化会有不同。

我国主栽芒果品种及性状见表 7-1。

表 7-1　我国主栽芒果品种及性状

品种	平均单果重/g	成熟时果皮颜色	果实形状	可溶性固形物/%	可食率/%
台农一号	100～300	黄至深黄色	果实宽卵形，果顶较尖、小，果形稍扁	17～24	65～70
金煌芒	300～900	深黄色或橙黄色	果实特大，长卵形	15.3～16.5	70～80
贵妃芒	150～420	底色深黄色，盖色鲜红色	果实卵状长椭圆形，基部较大，顶部较小，果身圆厚	15	65～71
鸡蛋芒	120～200	深黄色或黄带绿色	果实圆卵形至长卵形	16～18	70～73
紫花芒	220～320	鲜黄色	果实斜长椭圆形，两端尖	12～15	73
桂香芒	280～400	黄绿色	果实长椭圆形	14～17.5	69～84

续表

品种	平均单果重/g	成熟时果皮颜色	果实形状	可溶性固形物/%	可食率/%
凯特芒	600～700	暗红色	果实椭圆或倒卵形，有明显的果鼻	15.5	75～80.1
圣心芒	220～350	底色深黄色，盖色鲜红色	果实宽椭圆形，稍扁	15.8	71～80
吉禄芒	320～450	红色至紫色	果形卵圆至圆形	14.5～16	69.2～71.4
红象牙	470～580	向阳面鲜红色	果长圆形，微弯曲	15～18	78
白象牙	280～380	黄色或金黄色	果较长而顶部呈钩状，形似象牙	15.8～19	70～77

(2) 质量等级　芒果可分为优等品、一等品、二等品。

① 优等品　优等芒果有优良的质量，具有该品种固有的特性。

优等芒果应无缺陷，但允许有不影响产品外观、质量、贮存性的很轻微的表面瑕疵。

② 一等品　一等芒果要有良好的质量，具有该品种的特性。允许有下列不影响产品总体外观、质量、贮存性的轻微缺陷：

-轻微的果形缺陷；

-对于A、B、C三个大小类别的芒果，机械损伤、病虫害、斑痕等表面缺陷分别不超过$3cm^2$、$4cm^2$、$5cm^2$。

③ 二等品　不符合优等品、一等品的质量要求，但符合芒果品质的基本要求。

允许有不影响基本质量、贮存性和外观的下列缺陷：

-果形缺陷；

-对于A、B、C三个类别的芒果，机械损伤、病虫害、斑痕等表面缺陷分别不超过$5cm^2$、$6cm^2$、$7cm^2$。

一级和二级芒果中零散栓化和黄化面积不超过总面积的40%，且无坏死现象。

(3) 大小类别　芒果的重量决定芒果的大小，芒果的大小按重量分为三个级别（表7-2、表7-3）。

表 7-2 海南各类芒果大小分类

品种	单果重/g		
	L号	M号	S号
台农一号	≥200	150～199	＜150
白象牙	≥350	280～349	200～279
红金龙	≥400	300～399	250～299
金煌芒	≥900	700～900	500～700

表 7-3 芒果大小分类标准

大小类别	标准大小范围/g
A	200～350
B	351～550
C	551～800

在上述三个类别中，每一包装件内的芒果，果重最大允许差分别不能超过 75g、100g、125g。最小的芒果不小于 200g。

(4) 容许度　在每一包装内，产品不符合标示质量和大小要求的量。

① 等级容许度

a. 优等品　允许有不超过 5%重量或数量的果实不符合优等要求，但应符合一等要求。

b. 一等品　允许有不超过 10%重量或数量的果实不符合一等要求，但应符合二等要求。

c. 二等品　允许有不超过 10%重量或数量的果实既不符合二等要求也不符合基本要求，但这些果实不能有腐烂、明显伤痕和其他不适合消费的变质。

② 大小容许度　同一包装内允许有 10%重量或数量的果实超出（大于或小于）标准大小范围，但不超过该类别果重最大允许差的 50%。

所有芒果中，最小芒果不少于 180g；最大芒果不大于 925g。

(5) 同一包装内芒果大小容许度要求　见表 7-4。

13. 实验方法

(1) 感官检验

① 将取样的芒果放于洁净的台面上，观察其外观、成熟度、异物、

异常的外部水分等。

表 7-4 同一包装内芒果大小容许度要求

大小类别	标准大小范围/g	允许大小范围/g（超出标准规格范围的果实不超过 10%）	果重最大允许差/g
A	200～350	180～425	112.5
B	351～550	251～650	150
C	551～800	426～925	187.5

② 尝或嗅检验果实风味。

③ 目测或用量具测量果面的机械损伤、病虫害、斑痕面积、果柄长度等。

（2）*大小类别* 用台秤称量果实的重量。

（3）*容许度* 取同一包装物内全部样果按质量、大小要求检出不合格果，按式（7-1）计算容许度，结果精确到小数点后一位：

$$M = m_1/m_2 \times 100\% \tag{7-1}$$

式中 M——不合格果实占比，%；

m_1——不合格果实质量，g；

m_2——包装物内果实质量，g。

（4）*果重最大允许差* 取同一包装物内最大和最小的果实称重，按式（7-2）计算果重最大差，结果精确到小数点后一位：

$$D = m_3 - m_4 \tag{7-2}$$

式中 D——果重最大允许差，g；

m_3——最大果质量，g；

m_4——最小果质量，g。

第六节 芒果采后病害

芒果成熟时正值高温多雨季节，在常温下可迅速后熟，芒果采后病害的发生更加剧了后熟的进程，导致芒果迅速腐烂，失去食用价值。根据引起病害发生的因素，将采后病害分为两类：一类是生理性病害，包括冷害、热害、中毒、果肉组织海绵化等；另一类是由病原菌侵染引起的采后病害，这类病害具有传染性，也叫病理性病害。

对海南昌江、东方、乐东以及三亚芒果采后病害的发生情况及潜伏侵染真菌的种类进行调查，通过形态学和分子生物学方法对海南芒果果实采后病害病原真菌及潜伏侵染真菌进行了鉴定，并对为害日益严重的病害病原菌生物学特性进行了研究。结果如下：芒果采后病害以炭疽病和蒂腐病为主，从发病芒果果实上分离到多种真菌，分别为：可可球二孢菌、多米尼加小穴壳菌、小新壳梭孢菌、芒果拟茎点霉、胶孢炭疽菌、尖孢炭疽菌、芒果拟盘多毛孢、粉红单端孢、黑曲霉、芒果球座菌以及一种尚未鉴定种名的真菌。通过致病性测定，发现这些真菌均致病，将其接种后再分离菌株与自然发病分离到的菌株形态一致。其中小新壳梭孢菌、芒果球座菌、粉红单端孢引起的病害为国内新报道病害。

第八章　反季节芒果的销售

一、反季节芒果销售与生产的关系

价值（品质）决定价格，是反季节芒果的销售原则。芒果销售是生产的最终目的，影响芒果销售的主要因素在于品质和行情。品质和行情具有相互影响的关系，芒果品质差，例如果商以高价收购的芒果因品质差而出现损耗率高、催不熟、青头等情况，会影响到果商的口碑，特别是大型的批发商，进而给区域芒果市场带来差评和低质评估，带动其他果商停止收货或压价收货，从而使芒果的市场价格低于正常值。高品质的芒果，由于品质好，损耗率低，批发商以市场均价收购，以高于市场均价出货，进而带动后批芒果的行情上涨。在市场供应量稳定的情况下，芒果品质越高，整体行情越好。反季节芒果的行情，表面上是由供应量和市场需求主导，但由于供应量有限，本质上是芒果品质的影响因素大。从供销双方利益角度分析：芒果的品质越高，行情越好，双方均受益；芒果的整体品质差，会导致行情持续下跌，收购商和果农均受损。

二、传统销售模式

随着我国农业产业化进程不断推进，海南芒果产业已经发展成为海南热带农业的重要组成部分，不仅有效地提高了农户的收入，也有力地推动了海南农业经济的发展。然而，当前海南芒果销售还存在以下问题：农户收入低、芒果品质差、缺乏高端品牌等。海南省芒果销售主要是通过以下几种渠道进行：①生产者—中间商—批发商—销售商—超市；②生产者—批发商—销售商；③生产者—中间商—销售商；④生产者—销售商。当前海南芒果产业可划分为以下四种销售模式：“批发市场”模式、“上门收购”模式、直销模式和订单模式。通过实地调查发现，超过95%的农户选择采用“批发市场”模式或“上门收购”模式。

1. 上门收购模式

“上门收购”模式是当前海南芒果种植户采用得最多的销售模式，即在每年芒果即将成熟的时节，来自全国各地的芒果收购商会联系代办到果农的芒果地里进行实地考察，如果认为芒果品质能达到要求，则会根据市场行情与农户进行价格谈判。如果谈判成功，收购商则交付定金，开始雇佣当地农户采果并装箱运输，一般一边采果一边称重，果钱日结；如果谈判不成功，收购商则继续前往其他农户果地考察。交易量根据各个果商的需求不同有所差异。在这种模式下，风险大部分由收购商承担，种植户收益和风险都相对较低。

“上门收购”模式的优势在于农户承担的风险小，收入稳定。芒果树挂果后，从可以采摘到必须采摘期间有约几周的时间，在这段时间内，农户可以与多个收购商进行谈判，直到达到双方都满意的价格。农户判断交易价格是否合理的标准在于当地当年的总产量以及周围亲友的交易价格。一般来说，“上门收购”模式的销售价格要低于“批发市场”模式的，但由于芒果并未采摘，所以农户的谈判时间较长、空间较大，且不需要承担运输风险，因此收入虽然低，但是更稳定，目前该模式为大多数农户采用。在市场行情下跌或果实品质与开始预期不符时，若果商收购定价过高，则会有不能按时采果甚至放弃定金的现象，出现这种情形时，一般果商要和果农协商调整价格，若果农恶意控制价格，则果商放弃定金对果农声誉影响较大，也会对收购商造成负面影响。

“上门收购”模式的缺陷在于芒果销售价格相对市场价较低，果农议价能力差，收购商管理成本高。由于在该模式下，价格没有统一标准，收购商与农户单独进行谈判，农户相对收购商来说规模太小，缺乏议价能力，因此交易价格往往对农户不利，剩余价值大部分被收购商获得。另一方面，由于果农散布在不同区域，因此收购商到各个芒果地考察的成本较高，这一部分成本完全是因为交易模式的不科学而额外增加的管理成本，降低了整个产业链的福利，不利于海南芒果产业的发展。

2.“批发市场”模式

“批发市场”模式是当前另一种被大量海南芒果种植户采用的销售模式，即芒果成熟之后，种植户自行雇佣工人采果并包装，再运输到海南当地或外省的大型水果市场销售。这一过程中，种植户自己承担雇佣劳动力和运输的成本，并亲自到大型水果市场从事销售。在这一模式下，风险大部分转移到农户身上，体现了高收益和高风险并存的特征。

“批发市场”模式的优势在于果农基地直采价格高，节约交易成本。大型水果批发市场接近于完全竞争市场，每天的交易价格都有明确的记录，价格有一定的参照标准，因此农户在面对批发商时，拥有更强的议价能力，交易价格也更高。另一方面，由于大型水果市场有统一的管理，收购商可以不用担心“短斤少两”，且能在短时间内考察和比较市场上所有的芒果，节约了大量成本，有利于缩短芒果销售环节，使各家芒果产品在相对公平的环境下良性竞争销售，有利于芒果产业链的健康发展。

“批发市场”模式的缺陷在于农户承担的风险较大。采用“批发市场”模式的农户主要面临两方面的风险：第一是劳动力和运输成本的风险，由于在该模式下，需要种植户自行雇佣工人采果、包装和储运，因此农户在售出芒果之前需要先行承担较高的成本，这对于本身就资金匮乏的农户来说是不小的考验，一旦销售不理想或损耗率过大，对农户的打击极大；第二是保鲜的风险，芒果采摘之后保鲜期只有一周左右，在这段时间内芒果种植户需要完成包装、运输和销售，因此留给农户在水果市场谈判的时间只有几天左右。如果碰上大量其他水果供给，水果市场供大于求，由滞销状况导致的损耗率过高会对农户造成极大的损失。虽然“批发市场”模式收益更高，但鉴于有较大的风险，目前并未被大多数农户采用。一般只有加入了合作社、公司或其他组织团体的种植户才选择该种模式。

3. 直销模式

直销模式是未来芒果产业化、品牌化、高端化的主流发展趋势，然而由于其极高的运营成本，当前只有少数大型芒果企业有能力采用该种模式。直销模式指芒果生产企业在芒果销售地建立销售网点，芒果成熟后直接运输到网点进行销售。与前两种销售模式相比，直销模式主要有三方面优势：一是可以减少销售的中间环节，提高企业利润；二是可以缩短运销时间，保证芒果的新鲜度；三是可以保证芒果的质量，以便于打造品牌，提高价格。然而该种模式的缺陷也十分明显。首先，建立销售网点需要大量的前期资金投入，这是普通芒果种植户无法承受的；其次，芒果的种植、运输、销售都是非常复杂的过程，任何一个环节出错都将导致企业亏损，因此具有较大的管理风险；最后，由于一年中芒果的产期较短，因此大部分月份无法销售企业生产的芒果，销售网点的利用率不够高。

从当前水果销售市场的发展趋势看，芒果的生产和销售是由不同的群体完成的。果农的优势在于掌握生产源头，但由于供应量有限、周期短，无法满足消费者持续的购买需求。而专业的水果销售平台通过整合全国甚至全球的优质资源，源源不断地为消费者提供包括芒果在内的新鲜水果。

4. 订单模式

订单模式是以互联网和物流业为依托的一种新型销售模式，即指芒果生产者与收购商签订合同，双方各自按照合同规定从事生产和收购的一种模式。订单模式通过合同的形式，把双方的利益关系紧密联结起来，明确各自的权利、义务，双方依照合同的规定，完成生产经营中产销活动的全过程。在该种模式下，由于合同产生了稳定的供销关系，有效地降低了销售过程中的交易成本，提高了种植户和收购商的福利。然而，订单模式下存在较大的违约风险，且农户和收购商都有可能违约。如果收购时节市面上的芒果价格高于订单价格，农户可能违约将芒果运到市场销售；如果市面芒果价格低于订单价格，收购商可能因此而拒绝按照订单价格收购农户的芒果。

随着互联网电商的兴起，很多芒果基地借助淘宝、微信等互联网平台，按 5kg、10kg 规格包装装箱直接向消费者销售芒果。这种销售模式广泛地存在和流行于芒果生产者群体中，由于其便利性和新鲜度，被消费者广泛采纳。

5. 次品果处理销售

因芒果分类后筛出的次等果无人收购而开展初级的销售活动。主要销售方向为周边城市路边水果摊或芒果加工企业。这种销售方式作为其他销售方式的有效补充，具有以下优点：

① 销售灵活 农户可以根据本地区销售情况和周边地区市场行情自行组织销售，这样既有利于本地区芒果及时售出，又有利于满足周边地区人民生活的需要。

② 农民获得的利益大 农户自行销售避免了经纪人、中间商、零售商的中间提成，能使农民朋友获得实实在在的利益。

三、芒果电商

芒果电商，指用电子商务的手段在各种互联网生鲜销售平台上销售芒果的行为，平台包括淘宝、天猫、京东、微信电商等。消费者通过在网络平台浏览观看各个卖家的芒果产品，根据店铺排名、口碑、装饰图片等多种方式浏览评估，最后完成购买行为。商家在消费者下单后，根据其选择的芒果品类、规格，送到消费者指定地点。

1. 芒果电商常遇到的问题

（1）供应链　芒果是时令水果，海南反季节芒果上市时间一般是12月至翌年6月，持续时间较长，但仍不能实现全年供应。而对于一个生鲜电商平台，有稳定的供货来源是持续经营的保障。因此，供应链的稳定性和持续性是所有生鲜电商经营者共同面对的问题。海南本地多数芒果电商经营者依托自家果园开展电商销售，经过一段时间的集中销售便逐渐停止。虽然个体的销售量有限，但数量众多的人一起去做，就对海南芒果电商的前期发展起到了积极的带动作用。

（2）产品质量把控　芒果属于生鲜类食品，具有贮藏期短、品质差异大的特性。因此，从事芒果电商首先要解决的问题就是保证产品在运输过程中免受外界物理伤害、自身腐烂变质等问题的影响。解决这类问题，首先要从包装和运输设施方面入手，因为外界硬件条件相对容易达到，比较容易标准化。但最核心的问题是对于芒果本身品质的把控，如外观、风味、糖度等。很多从事芒果电商的经营者遇到的问题是产品质量的不均等性，时好时坏，从而影响到消费者的信任和商家的持续经营。

（3）配送成本高　芒果属生鲜类食品，其运输对硬件要求较高，如包装箱、包装纸、运输方式（空运、冷藏）等，包装成本加上运输成本，使得芒果单价上升3～5倍，影响了普通消费者购买。

（4）运输时效　最后一公里问题永远是电商的切肤之痛，对于时效要求较高的水果电商尤其如此。多地建仓固然是一个办法，但一则花费巨大，二则布局效率低下，投入周期太长。但如果不建仓走淘宝生鲜电商发货模式，那正常物流时间为三天左右，产品到达用户手中时新鲜度已经大打折扣。

（5）售后服务问题　售后服务问题也是水果电商需要面对的，对于水果这种易损的品类而言，再严格的筛选也不能保证果品一定不出问题。当面临用户补偿问题时，响应及不及时、补偿方案能不能为用户接受、能不能做到超出预期，这些问题就是考验电商们的客服体系的时候了。

2. 生鲜电商发展趋势研究

目前生鲜电商主要经营和发展情况介绍如下。

（1）生鲜电商平台　目前生鲜电商平台还是由巨头把控，如淘宝系和京东。

（2）中小商家　不管是销售额还是商家数量，其占比都是生鲜电商的大头，但是过于分散。主要由以下几种模式构成：

① 入驻到淘宝系、京东传统电商平台；

② 入驻到拼多多、饿了么、美团、百度外卖、京东到家、淘宝便利店等新型的社交或 O2O 平台；

③ 自营微商、社区社群电商。

入驻到传统平台的商家绝大部分都不挣钱。挣钱的基本集中在小微商部分，他们要么是依靠产地自销的商品，要么是营销能创新多样，要么是能迎合小二业绩，给到足够的流量和活动，比如经常上聚划算。

入驻到新型平台的商家还有点红利，拼多多等社交平台能天然带量，但是这种模式导致客单价较低，品类有限制，所以商家一定要算好物流成本占比和毛利率。饿了么等 O2O 平台商们都想在生鲜发力，现在也都在摸索阶段，这个阶段的好处是平台会给商家一定的补贴，坏处是商家必须模式上匹配，也就是说要具备 O2O 的能力，比如每日优鲜、鲜丰水果、盒马、社区便利店等能 2h 送达。

自营微商如果微商渠道找对人或者自建微商团队做得好是能稳定出量的。这种微商是以卖货和打造好的服务体验从而吸引稳定复购人群为目的的。有一些比如新农联、新农人这种生鲜微商的联合体，整合了上游供应链、下游交付链、空中产品工具支援、微商团队建设、外围农产品品牌化策划的组织机构，全链路的打通和合力，也在加速微商群体的力量爆发。社群电商基本都是以小区为运营单元，要么是个人结合水果店在单个小区做，要么就是像优食管家主打管家的概念运营庞大的社群，从而把控上游供应链，货品更优质、便宜。

还有很多小商家也在利用新零售的概念，各种线上线下结合的模式层出不穷，值得期待。这群庞大而复杂的中小商家，要么是品牌方、产地农户等自主生产销售商品，要么是整合种植方、农户、捕捞方、联合生产方，作为经纪人帮助产地运营，要么就是单纯的倒卖，靠信息不对称和丰富的经验寻找优质、便宜的货源。

在这群中小商家里，好的交付模式、好的独家货源、营销创新的农产品品牌打造、非零和地整合更多资源成为竞争的武器，对于众多中小商家们来说，要注意把握发展的机会。

(3) 垂直电商　垂直电商是指在某一行业或细分市场深化运营的电子商务模式。

前期开展水果电商业务的很多平台都掉出了第一和第二梯队，有的现在在第三梯队，有的第三梯队也进不去了。掉队的原因：老牌的 PC 时代生鲜电商没快速转型迎合移动互联网以及传统生鲜冷链交付模式过于落后，这是两个最主要的原因。

2016 年新冒出的表现好的生鲜垂直电商：①前置仓 2h 送达模式，高效率低成本的用户运营社交拉新，已经开始规模化上升。②社交生鲜电商，拼团模式出现客单价瓶颈导致无法自营，后快速转型为拼多多成为平台，不算垂直。新的这两家垂直生鲜电商都是在移动互联网时代下诞生的优质玩家，要么在模式上更先进，要么在拉新上效率更高，要么二者兼具。

(4) 现在整个市场上的生鲜电商真实情况

① 前置仓交付壁垒模式　生鲜电商目前最大的痛点是交付端的物流，第一价格高，第二体验差。

前置仓模式，简单来说就是在主要城市都建了一套带温区的冷库前置仓网络，用户在前置仓周边下单时，前置仓站点会使用社会化物流在 2h 内把生鲜商品送到用户手上。不管是包材（脱冷时间短，不需要泡沫箱、干冰等冷媒）还是社会化物流的配送成本，都远远低于传统快递包裹模式，有足够利润空间让利消费者从而可以提升购买转化，且由于脱冷时间短、在前置仓又多一遍品控入库和拣货环节、社会化物流非暴力配送，使得商品品质大大高于传统快递包裹模式。

看起来很简单，为什么别人学不会呢？因为除了表面上看起来的前置仓模式以外，还有很多内涵是看不到的，选址逻辑保证订单密度够大降低均摊成本、补货逻辑严格控制脱销滞销、站长联合经营模式加速扩张降低基建成本等等，这些都是高效实验得到的核心竞争力，巨头们砸钱开前置仓短期内也弥补不了试错时间差。

这种前置仓交付模式，线上线下打通，大幅度提升效率和用户体验。除了这种线上往线下渗透的前置仓交付模式以外，市场上也冒出了很多其他模式的“新零售生鲜”。

② 线下往线上转——“新零售生鲜” 典型的线下往线上转的“新零售生鲜”，概念新颖，经营有方的线下生鲜超市，插上了互联网翅膀，极大提升了单店效率，再加上扎实的配送基本功，覆盖周边 5km 的半小时配送保障用户体验的极大满足。早期转型后，增加了餐饮和外卖的功能，提升线下体验度，降低生鲜损耗。

还有社区柜模式、社区连锁生鲜店的线上运营、线下生鲜体验店等等，都属于“新零售生鲜”的范畴。除了自营的“新零售电商”们以外，平台也在参与这场新的竞赛，也在这一轮新零售的战场上蠢蠢欲动，苦苦思索如何切生鲜这块蛋糕。新一轮的竞争马上就要开始，“新零售生鲜”们会对传统生鲜电商造成降维打击，而“新零售电商”们也有可能在竞争和扩张的同时对“新零售生鲜”产生重大影响。

附录一　反季节芒果生产全周期管理方案

时期	主要管理措施	不同阶段管理方法	主要病害	主要虫害
营养生长期	施足基肥	芒果采收后，应先促进营养生长、培养树势，先施肥后修枝，这样出芽比较整齐。每株沟施复合肥1～1.5kg＋有机肥2.5～5kg，干旱时要灌水	叶枯病 炭疽病 溃疡病	食心虫 蓟马 蚜虫 扁喙叶蝉 红蜘蛛 螨类 木虱 白蛾蜡蝉 介壳虫
	规划催花、修枝时间	可根据芒果生理特性和气候条件，安排催花、修枝时间：①在8月中旬，有个生理物候花芽分化期，若不惧气候、台风影响，可安排催花，但最好在4月初修枝。9月中旬是长秋梢的高峰期，不宜安排催花。②若安排在9月底10月初催花，最好在5月初修枝。③若安排在11月下旬后催花，可在7月底修枝。④立冬（在11月上中旬）是芒果长冬梢的高峰期，不宜安排催花		
	清园抹芽解除抑制	①修枝、果园清理干净后，可选用波尔多液、硫悬浮剂、多·硫等喷施清园。②第一蓬梢，留中等枝条2～3个，把多余强、弱枝条抹掉。③解除抑制、调节激素平衡、恢复树体健康生长		

续表

时期	主要管理措施	不同阶段管理方法	主要病害	主要虫害
生殖生长前期	控梢促花	①修枝后60～70d，第二蓬梢出芽2～3cm时，根据实际情况，每株施多效唑10～100g。留中等枝条2～3个作为结果枝，把多余的强、弱枝条抹掉。②第二蓬叶6～8成老熟时，开始控梢促花。③待整齐老化后，用15kg水兑甲哌鎓10～12mL，每隔7～10d喷一次，喷3～4次；旺壮树可加5～6mL乙烯利。④之后，再用S-诱抗素6～7mL+乙烯利6～7mL，每隔10～15d喷一次，连喷2～3次后，再进行调花。⑤立秋至处暑（8～9月）高温高湿，是出秋梢的高峰期，注意观察，预防冲梢	叶枯病 炭疽病 溃疡病	扁喙叶蝉 红蜘蛛 螨类 木虱 白蛾蜡蝉 介壳虫
	施催花肥	准备催花前10～15d，沟施促花肥，株施硫酸钾250～500g+高钾复合肥500～1000g，干旱时要灌水		
	调花	从第一次叶面控梢促花算起，控60～65d后，进行调花1～2次（间隔5～7d）：①磷酸二氢钾+微肥+海藻；②多肽+硼肥+萘乙酸		
催花开花期	催花	调花4～5d左右，花芽萌动、生长点出现。裂纹、流白胶汁时，要立即催花。①用硝酸钾200～300g/株+多肽营养+高磷高钾+CTK+噻苯隆均匀喷施。②催花7～10d后，若萌动率少于70%，可再补催一次	炭疽病 白粉病 霜霉病	蓟马 蚜虫 扁喙叶蝉 红蜘蛛 螨类 木虱 小青虫 白蛾蜡蝉 介壳虫
	施壮花肥	现蕾后，每株可浇一次腐植酸肥或速效三元复合肥100～250g		
	保花保果	①扬花前或盛花期用15kg水兑多肽10～15mL+硼肥10mL喷1～2次。②在受精谢花后期用15kg水兑多肽10～15mL+920 5～10mL喷1～2次		
	疏花清枝	谢花后，及时把粘在花梗上的干花和病弱小枝处理干净，改进通风透气条件，预防病虫害发生		

续表

时期	主要管理措施	不同阶段管理方法	主要病害	主要虫害
膨大成熟期	膨大果实	谢花后20～60d，促进果实均衡完整膨大，用15kg水兑拉长膨大剂10～20mL＋赤霉酸5～10mL＋钙肥10～15mL，隔7～10d喷一次，连喷3～4次	炭疽病 红点病 角斑病 黑点病 流胶病 煤烟病 蒂腐病	蚜虫 扁喙叶蝉 红蜘蛛 螨类 木虱 白蛾蜡蝉 介壳虫
	施壮果肥	在小果期、中果期各浇灌、施一次肥，每株用尿素250～500g＋硫酸钾500～1000g；或三元复合肥500～1000g/株		
	防病着色	①谢花60d后果核开始变硬，应停止使用促进生长、膨大类调节剂。②多肽＋有机钾，每隔10～15d喷一次，喷2～3次		
	采收芒果	看果皮颜色转暗或青绿色，或转变为淡绿色，果肉乳白色转变为淡黄色，果核变硬，近核处出现黄色，果实饱满，果肩浑圆，开始收果。后熟处理，包装出售		

附录二　芒果病害统计表

芒果病害	病原	为害部位
芒果炭疽病	胶孢炭疽菌	新梢、嫩叶、花穗和果实
	尖孢炭疽菌	
芒果蒂腐病	可可球二孢菌	果实
	芒果小穴壳菌	
	芒果拟茎点霉菌	
	小新壳梭孢	
芒果畸形病	层出镰刀菌、芒果镰刀菌	枝条、花穗
芒果白粉病	芒果粉孢菌、二孢白粉菌	花序、幼果、嫩叶和嫩枝
芒果疮痂病	芒果痂圆孢菌	幼嫩的枝梢、叶片、花穗及果实等
芒果煤烟病	芒果小煤炱菌、三叉孢菌、刺盾炱属、胶壳炱属	叶片、果实、枝梢和花穗
芒果拟盘多毛孢叶枯病	芒果拟盘多毛孢菌、胡桐拟盘多毛孢菌、疏毛拟盘多毛孢菌、忽视拟盘多毛孢菌、刚果拟盘多毛孢菌、掌状拟盘多毛孢菌、花楸拟盘多毛孢菌	叶片、果实
芒果流胶病	芒果拟茎点霉菌、蒂腐壳色单隔孢	枝干、茎干和幼果
褶皱菌软腐病	褶皱菌	果实
芒果绯腐病	鲑色伏革菌	枝条
芒果紫根病	紧密卷担子菌	根部
芒果链格孢霉叶斑病	细极链格孢菌	幼苗或幼树叶片、叶柄和茎部、果实等
芒果黑变病	草生芽枝霉	叶片和幼果
芒果叶点霉穿孔病	莫顿叶点霉	叶片
芒果球腔菌叶斑病	球座菌	叶片

续表

芒果病害	病原	为害部位
芒果球座菌腐烂病	芒果球座菌	果实
芒果曲霉病	黑曲霉、黄曲霉、土曲霉	果实
芒果盘梭孢叶斑病	盘梭孢	叶片
芒果壳二孢叶斑病	芒果壳二孢	叶片
芒果垢斑病	仁果粘壳孢菌	果实
芒果弯孢霉果腐病	间型弯孢菌	果实
芒果尾孢霉叶斑病	芒果尾孢	叶片
芒果膏药病	茂物隔担耳菌	枝干
芒果白色膏药病	白色膏药病菌	枝干
芒果褐色膏药病	褐色膏药病菌	枝干
芒果灰色膏药病	灰色膏药病菌	枝
芒果苗立枯病	立枯丝核菌	芒果苗木和幼树的根颈部
芒果白绢病	齐整小核菌	苗木和幼树根颈部
芒果枝枯病	可可球二孢菌、芒果小穴壳菌、芒果拟茎点霉菌、葡萄座腔菌属、燕麦镰刀菌	枝条
芒果露水斑病	枝状枝孢霉、球孢枝孢霉	果实
粉红聚端孢叶斑病	粉红聚端孢菌	叶片、果实
芒果干黑斑病	链格孢菌	果实
树生黄单胞叶斑病	树生黄单胞菌	叶片
芒果细菌性黑斑病	黄单胞菌芒果致病变种	叶片、枝条、花芽、花穗和果实
芒果藻斑病	绿藻门寄生藻	叶片和枝条
芒果大茎点属叶斑病	芒果大茎点霉	叶片
棒孢叶斑病	李棒孢	叶片
棒孢霉果腐病	多主棒孢	果实
平脐蠕孢果腐病	平脐蠕孢属	果实

续表

芒果病害	病原	为害部位
弯孢霉叶斑病	新月弯孢菌	叶片
黑孢霉叶斑病	鱼腥草紫斑病菌	叶片
果实垢斑病（煤污病）	黏壳孢属	果实
芒果速死病（猝倒病）	长喙壳属子囊菌	树枝
芒果扁枝病（丛枝病）	植原体	整株
芒果变叶病	植原体	花、嫩梢
芒果灰斑病		叶片
芒果红点病	病因未清	叶片、嫩梢、花絮和果实
芒果镰刀菌顶枯病	多隔镰刀菌	嫩梢
芒果线疫病	角担子菌	枝条
芒果盾壳霉叶斑病	盾壳霉属真菌	叶片
芒果拟茎点霉叶斑病	拟茎点霉属真菌	叶
芒果褐根病	褐根病菌	根
芒果树脂病	拟茎点霉属真菌	茎干
幼苗小菌核病	小菌核属菌	根、茎
芒果枝瘤病		茎干
芒果软腐病		果实
芒果根腐病		根
癌肿病	致癌农杆菌	茎、枝
菟丝子	菟丝子	枝、树干
寄生兰	寄生兰	枝干
桑寄生	寄生桑	枝、树冠
枫木鞘花寄生	枫木鞘花	枝干
无根藤寄生	藤	枝干
地衣	地衣	茎干
苔藓	苔藓	茎干

续表

芒果病害	病原	为害部位
线虫病害	圆筒垫刃线虫、短小垫刃线虫、缘见垫刃线虫、似见垫刃线虫、禾草基狭垫刃线虫、腐烂茎线虫、裸露矮化线虫、敏捷根腐线虫、咖啡短体线虫、残伤根腐线虫、双角螺旋线虫、双宫螺旋线虫、平头螺旋线虫、肾形肾状线虫、根结线虫、中间不正茎线虫、燕麦真滑刃线虫、最大滑刃线虫、草莓滑刃线虫、美洲剑线虫、细纹垫刃线虫、伪宾垫刃线虫、盾状线虫、唇盘小轮线虫、香蕉穿孔线虫、芒果半轮线虫	根
肿枝病	疑为生理性病害	枝
芒果黑顶病	生理性病害	果实
芒果水泡病	疑为生理性病害	果实
芒果日灼病	生理性病害	果实
芒果焦灼病	生理性病害	果实
芒果海绵组织病	生理性病害	果实
芒果裂果病	生理性病害	果实
芒果叶缘焦枯病	生理性病害	叶片
芒果心腐病	生理性病害	果实
芒果糖心病	生理性病害	果实
芒果皮孔斑病	生理性病害	果实
芒果主干裂皮病	生理性病害	树干
果实长根	生理性病害	果实
低温危害	生理性病害	整株
热害	生理性病害	果实
咪鲜胺杀菌剂药害	生理性病害	嫩叶、果实

续表

芒果病害	病原	为害部位
除草剂药害	生理性病害	果实、叶片、主干和枝条
冰雹灾害	生理性病害	叶片果实
缺素症	生理性病害	叶片
氮过量	生理性病害	叶片、果实、树梢
硼过量	生理性病害	叶片
果实生理失调症	生理性病害	果实（软鼻病、果肉空洞、糊状种子、米粒状病）

参考文献

[1] 詹儒林．芒果主要病虫害诊断与防治原色图谱［M］．北京：中国农业出版社，2011.
[2] 张东，郑良永．广西芒果优质生产 100 问［M］．北京：中国农业出版社，2016.
[3] 海南省质量技术监督局．芒果采收、贮运及包装规程：DB46/T 173—2009［S］.
[4] 海南省质量技术监督局．芒果产期调节技术规程：DB46/T 176—2009［S］.
[5] 海南省质量技术监督局．芒果整形修剪技术规范：DB46/T 177—2009［S］.
[6] 中华人民共和国国家质量监督检验检疫总局．芒果细菌性黑斑病检疫鉴定方法：GB/T 28094—2011［S］.
[7] 中华人民共和国农业部．芒果种质资源描述规范：NY/T 1808—2009［S］.
[8] 中华人民共和国农业部．芒果病虫害防治技术规范：NY/T 1476—2007［S］．北京：中国农业出版社，2008.
[9] 中华人民共和国农业部．芒果：NY/T 492—2002［S］．北京：中国标准出版社，2004.
[10] 中华人民共和国国家质量监督检验检疫总局．进出境芒果检疫规程：SN/T 1839—2006［S］.
[11] 中华人民共和国农业部．芒果嫁接苗：NY/T 590—2012［S］.
[12] 华敏等．不良气候条件对海南芒果反季节生产的影响及预防措施［J］．中国热带农业，2013（1）：16-18.
[13] 周文忠．反季节芒果高产栽培技术［J］．中国热带农业，2006（5）：57-58.
[14] 朱杰．不良因子对海南芒果反季节生产的影响［J］．农业工程技术，2016（5）：77-78.
[15] 韦方卜．多效唑在芒果生产上的应用［J］．农技服务，2011（10）：1432，1438.
[16] 朱杰．海南芒果的反季节高产栽培技术及病虫害防治［J］．农民致富之友，2014（8）：197-198.
[17] 庞世卿．海南芒果反季节生产技术和存在问题及对策［J］．热带农业科学，2003（5）：32-36.
[18] 朱杰．海南芒果反季节生产要素研究［J］．中国果菜，2015，35（2）：44-47.
[19] 华敏等．海南芒果反季节早熟栽培管理模式及对其他芒果产区的启示［J］．中国热带农业，2017（1）：19-23.
[20] 李伯真，朱敏．海南芒果生产措施现状及发展建议［J］．中国热带农业，2009（5）：42-44.
[21] 郭永召，陈中建．农产品电子商务教程［M］．北京：中国农业科学技术出版社，2016.
[22] 罗关兴．金沙江干热河谷区芒果品种资源图谱（一）［M］．成都：四川科学技术出版社，2013.
[23] 蒲金基，韩冬银．芒果病虫害及其防治［M］．北京：中国农业出版社，2014.
[24] 张一林．突破创新种芒果［J］．中国热带农业，2008.

[25] 王才发．应用多效唑诱导芒果树开花结果资料综述［J］．广西热作科技，1996（3）：28-30.
[26] 高豪杰．1-MCP 对芒果采后品质和生理的影响［D］．海口：海南大学，2012.
[27] 潘秋红，蔡世英，周倩苹．Ca^{2+} 对芒果果实后熟效应的研究［J］．热带作物学报，2000（3）：21-27.
[28] 谢国干．改造和提高低产芒果园的技术措施［J］．海南大学学报（自然科学版），1999（3）：70-73.
[29] 杨杨等．芒果采后冷害发生及控制技术研究进展［J］．食品科学，2014，35（7）：292-297.
[30] 韩冬银等．9 种杀虫剂对芒果蓟马的毒力测定及田间防效［J］．中国农学通报，2017，33（16）：141-145.
[31] 张海岚等．芒果黑顶病的发生及防治初步研究［J］．广东农业科学，1996（3）：34-36.
[32] 杨永生．芒果流胶病的发生与综合治理［J］．广西农业科学，2001（1）：34-35.
[33] 李桂珍．芒果细菌性黑斑病防治技术［J］．农村百事通，2017（15）：34.
[34] 郑素芳，黄循精．海南省芒果产业发展问题与对策［J］．热带农业科学，2008（6）：57-60.
[35] 周兆喜等．多肽处理对芒果钙素营养吸收的影响研究［J］．广东农业科学，2009（2）：21-22.
[36] 程宁宁等．海南“金煌”芒干物质及养分年积累量研究［J］．中国农学通报，2011（22）：243-246.
[37] 杨波．海南芒果采后真菌病害调查及病原鉴定［D］．海口：海南大学，2013.
[38] 林明光等．海南省芒果作物病害调查与鉴定［J］．广西农业科学，2009（11）：1440-1442.
[39] 侯晓东，施瑞成．芒果采后生物学特性及其研究进展［J］．华北农学报，2006，21（B10）：104-108.
[40] 胡美姣．芒果果实潜伏侵染、Botryodiplodia theobromae 致腐机理及蒂腐病防治技术基础研究［D］．海口：海南大学，2013.
[41] 王万东等．芒果炭疽病的发生规律及综合防治［J］．广东农业科学，2008（6）：67-69.
[42] 李晓天等．台农芒果叶片氮磷钾养分含量规律研究［J］．中国土壤与肥料，2013（6）：63-67.
[43] 曾凯芳．套袋、SA 和 INA 对芒果（Mangifera indica L.）果实采后抗病性和品质的影响［D］．北京：中国农业大学，2005.
[44] 李华东等．土壤施钙对芒果果实钾、钙、镁含量及品质的影响［J］．中国土壤与肥料，2014（6）：76-80.
[45] 蒲金基，周文忠．芒果病虫害的监测化学防治指标和化学防治技术［J］．中国热带农业，2012（6）：45-48.
[46] 蒲金基，张贺，周文忠．芒果病害综合防治技术［J］．中国热带农业，2015（3）：38-42.
[47] 黄战威，岑贞革，陈显双．金煌芒果果实套袋效果对比试验［J］．广西热带农业，2004（1）：8-9.
[48] 朱杰．海南芒果反季节生产的药害研究［J］．中国农业信息，2015（1）：56-57.
[49] 陆弟敏．注意分清芒果药害虫害症状［J］．农药市场信息，2012（21）：40.
[50] 胡炜．海南芒果销售模式选择与影响因素研究——基于种植户的调研［D］．海口：海南大学，2015.

[51] 张一举，方佳．海南省芒果产业链研究［J］．热带农业科学，2011（2）：51-55.
[52] 张一举．基于农业产业链视角下海南芒果产业发展研究［D］．海口：海南大学，2011.
[53] 胡炜，张良，许能锐．农户销售模式选择影响因素研究——以海南果农为例［J］．中国热带农业，2017，37（8）：93-100.
[54] 华敏等．海南芒果产期安全调节技术［J］．中国热带农业，2009（1）：54-55.
[55] 郑素芳，张岳恒．海南芒果产业链现状研究［J］．中国农业资源与区划，2011，32（2）：75-80.
[56] 高爱平等．海南芒果发展和研究历程述评［J］．中国热带农业，2010（4）：25-27.
[57] 张贺等．芒果病害名录［J］．中国热带农业，2015（2）：58-64.